电网员工现场作业安全管控

DIANWANG YUANGONG XIANCHANG ZUOYE ANQUANGUANKONG

架空电力线路检修

本书编委会　组编

中国电力出版社
CHINA ELECTRIC POWER PRESS

内 容 提 要

本书以架空电力线路检修现场（特指35kV及以上电力线路）安全管控工作成果为基础，首先通过对检修现场作业人员、作业内容以及安全工器具的规范要求，系统阐述了架空电力线路检修现场安全管控工作的关键环节和注意事项，并分别从作业前准备、现场实施和作业完成三个阶段进行作业全过程的详细论述。

本书既可作为架空电力线路检修技术和管理人员进行安全管理工作的指南，也可作为线路运行与检修类及安全管理类的配套教材，还可供广大电网建设相关工作人员参考使用。

图书在版编目（CIP）数据

电网员工现场作业安全管控．架空电力线路检修/《电网员工现场作业安全管控》编委会组编．—北京：中国电力出版社，2017.10（2018.3重印）

ISBN 978-7-5198-1146-4

Ⅰ.①电…　Ⅱ.①电…　Ⅲ.①电网-电力安全-工程管理②架空线路-电力线路-检修　Ⅳ.①TM727②TM726.3

中国版本图书馆CIP数据核字（2017）第224807号

出版发行：中国电力出版社
地　　址：北京市东城区北京站西街19号（邮政编码100005）
网　　址：http://www.cepp.sgcc.com.cn
责任编辑：崔素媛（cuisuyuan@gmail.com）
责任校对：朱丽芳
装帧设计：张俊霞
责任印制：杨晓东

印　　刷：北京九天众诚印刷有限公司
版　　次：2017年10月第一版
印　　次：2018年3月北京第二次印刷
开　　本：787毫米×1092毫米　32开本
印　　张：3.625
字　　数：71千字
印　　数：2501—4000册
定　　价：25.00元

编 委 会

主 编 郭象吉

副主编 孙鸿雁 张双瑞

参 编（以姓氏笔画为序）

王运龙 白景岳 吕洪林

孙永生 杨献宇 李 黎

张莉莉 张 震 陈建新

姚 远 高秀青 黄国栋

崔 岩 翟晓军

前 言

安全管理的实质是风险管理，风险管理的核心是预防为主。开展标准化作业，推行生产作业超前策划和超前准备，实质上就是落实安全风险超前辨识、安全事故超前预防。标准化作业就是以“两票三制”为核心，系统梳理生产作业工作流程，规范作业准备、作业实施阶段开展现场勘察、风险评估、“三措”编审批、“两票”填写签发、安全措施布置、安全交底、作业监护、到岗到位等的组织形式和具体责任，细化每个环节保障安全的具体要求，严格落实安全组织措施和技术措施，一环紧扣一环，形成全过程标准工作程序，通过实施流程化安全管控，落实各环节标准化管控措施，实现关口前移，管理下探，层层把关，确保工作中每个环节均处于可控状态。

为进一步严格落实国家电网公司《生产作业安全管控标准化工作规范》工作要求，深入推进本质安全体系建设，强化安全风险管理，加强生产作业安全全过程管控，积极构建和推动电力生产工作的规范化和标准化，总结和提炼国网天津市电力公司作业现场标准化成果，特决定编写此书。

本书通过梳理输电线路检修作业工作流程，逐项分解和明确了流程中作业准备、作业实施、验收总结等各环节安全工作主要内容及其管控要求，有效落实各级人员安全责任，实现线路上各作业点“分组工作、同时开工、并行推进、多现场管控”，确保现场安全工作可控、能控、在控，最大程度的降低安全风险，从而有力保证施工作业的安全有序开展，确保电网的安全可靠运行。通过规范检修作业现场标准化布置，以增加科技投入为手段，以标准化作业为依据，保证实现现场作业的高效性和安全性。

由于编者水平有限，难免存在错误和疏漏之处，敬请广大读者批评指正。

目 录

第1章 总 体 要 求

1.1 工作人员类别及职责

1.1.1 工作负责人

工作负责人是作业现场安全的第一责任人，负责组织工作的前期准备以及现场工作的实际开展，并对现场工作的安全以及工作任务完成的质量负有重要责任。

工作负责人（监护人）应是具有相关工作经验，熟悉设备情况和《国家电网公司电力安全工作规程（线路部分）》，经工区（车间）批准的人员。工作负责人还应熟悉工作班成员的工作能力。

工作负责人应履行下列安全责任：

（1）正确组织工作。

（2）检查工作票所列安全措施是否正确完备，是否符合现场实际条件，必要时予以补充完善。

（3）工作前，对工作班成员进行工作任务、安全措施、技术措施交底和危险点告知，并确认每个工作班成员都已签名。

（4）组织执行工作票所列安全措施。

（5）监督工作班成员遵守本规程、正确使用劳动防护用品和安全工器具以及执行现场安全措施。

（6）关注工作班成员身体状况和精神状态是否出现异常迹象，人员变动是否合适。

1.1.2 工作票签发人

工作票签发人主要对工作任务进行统筹，负责审核工作票上的内容以及人员安排是否完善等，是为安全施工措施所设置的一道审核“关卡”。

工作票签发人应是熟悉人员技术水平、熟悉设备情况、熟悉《国家电网公司电力安全工作规程（线路部分）》，并具有相关工作经验的生产领导人、技术人员或经本单位批准的人员。工作票签发人员名单应公布。

工作票签发人应履行下列安全责任：

（1）确认工作必要性和安全性。

（2）确认工作票上所填安全措施是否正确完备。

（3）确认所派工作负责人和工作班人员是否适当和充足。

1.1.3 工作许可人

工作许可人主要为工作班作业环境的现场安全性进行把关，负责作业现场安全措施的布置及检查，以及工作的开工和结束时的手续办理。

工作许可人应是经工区批准的有一定工作经验的运维人员或检修操作人员（进行该工作任务操作及做安全措施的人员）；用户变、配电站的工作许可人应是持有效证书的高压电气工作人员。

工作许可人应履行下列安全责任：

（1）审票时，确认工作票所列安全措施是否正确完备，对工作票所列内容发生疑问时，应向工作票签发人询问清楚，必要时予以补充。

（2）保证由其负责的停、送电和许可工作的命令正确。

（3）确认由其负责的安全措施正确实施。

1.1.4 工作班成员

工作班成员是现场工作开展的主要执行者，主要根据工作负责人的指挥进行工作。

工作班人员应履行下列安全责任：

（1）熟悉工作内容、工作流程，掌握安全措施，明确工作中的危险点，并在工作票上履行交底签名确认手续。

（2）服从工作负责人（监护人）、专责监护人的指挥，严格遵守本规程和劳动纪律，在确定的作业范围内工作，对自己在工作中的行为负责，互相关心工作安全。

（3）正确使用施工机具、安全工器具和劳动防护用品。

1.1.5 分包商责任人职责

分包商责任人在线路检修作业的各个环节中应听从工作负责人的指挥和安排，协助工作负责人做好现场安全管控工作。

1. 作业准备阶段

（1）需要勘察的工作，分包商责任人应参加现场勘察。

（2）估算作业所需工作班人员数量并选定全部工作班成员，确保工作班人员充足。

（3）工作前检查工作班全员精神、身体状态，检查工器具材料是否完备。

2. 准备开工阶段

（1）要核对现场停电措施是否执行到位。

（2）再次辨识现场安全风险，必要时提出补充安全措施。对于作业地点和设备带电部位可能因为人员活动范围过大造成安全距离不足的，应采取绝缘隔离措施，或要求增设专责监护人。

（3）班前会，给工作班成员安排具体工作任务（分工），交代安全防范措施、保留带电部位和主要危险点，必要时予以补充。

（4）布置工作任务时，作业地点分散的工作，至少应分派 2 人一组，并指定其中 1 人担任小组监护人。

（5）交代安全措施时，要特别强调装设接地线前必须验电、验电前应检查验电器完好、验电接地时人员必须与导体保持足够安全距离。

（6）监督应由工作班执行的现场安全措施的执行。确认所有安全措施（特别是工作接地线）做完，并得到工作负责人许可后方可开始工作。

3. 作业实施阶段

（1）督促、监护工作班成员遵守《国家电网公司电力安全工作规程（线路部分）》、正确使用劳动防护用品和安全工器具。重点监护临近带电、高处作业转位、进入受限空间等处于较高风险状态的作业人员。

（2）高压试验、开关传动等作业前，检查安全措施的变更是否落实到位、作业人员是否撤离被试设备。

（3）汇报工作终结前，检查全部工作班组成员、检修工器具以及相关材料是否已全部从检修设备搬离，其他安全措施是否已恢复到检修前状态。

1.1.6 到岗到位人员职责

负责监督指导检修作业现场安全管控工作，通过强化检修全过程关键环节、关键时段、关键人员作业行为管控，从组织措施、技术措施、风险控制措施、现场作业标准化等方面进行监督检查，着重检查关键人员安全履责情况和作业现场安全措施执行情况。发现违章行为立即制止，对相关人员进行培训教育，并及时研究存在的问题，提出改进意见，确保生产现场组织安全、有序、平稳。

1.1.7 专责监护人职责

专责监护人是为补充工作现场安全监护力量不足，由工作票签发人或工作负责人专门指定的人员，其本质为工作班成员。只对确定被监护的人员和监护范围进行监护，且不得参加具体工作。

专责监护人应是具有相关工作经验，熟悉设备情况和《国家电网公司电力安全工作规程（线路部分）》的人员。

专责监护人应履行下列安全责任：

（1）确认被监护人员和监护范围。

（2）工作前，对被监护人员交待监护范围内的安全措施、告知危险点和安全注意事项。

（3）监督被监护人员遵守本规程和执行现场安全措施，及时纠正被监护人员的不安全行为。

专责监护人临时离开现场时，应通知被监护人员停止工作或离开工作现场，待专责监护人回来后方可恢复工作。若专责监护人必须长时间离开工作现场时，应由工作负责人变更专责监护人，履行变更手续，并告知全体被监护人员。

1.1.8 安全稽查人员职责

（1）对本单位所辖各部门、参与架空电力线路检修作业的所有承（分）包商施工企业以及各类生产现场进行安全稽查。

（2）针对安全稽查中发现的违章行为当场制止、纠正，做好违章记录，必要时下令暂停施工，下达违章整改通知书。

（3）监督、检查各单位或部室对整改通知的回复、落实整改闭环等情况，对整改情况要进行二次复查。

（4）定期完成安全稽查的统计、分析、汇总等工作。

（5）定期召开安全稽查分析会，参加月度安全生产例会，对稽查中发现的问题进行通报、分析和点评。

（6）完成安全稽查月度、季度和年度的总结工作。

（7）参加岗位教育、安全培训等工作，经考核合格后上岗。

（8）根据稽查情况对反违章工作提出意见和建议。

1.2 作业人员要求

1.2.1 基本要求

（1）经医师鉴定，无妨碍工作的病症（体格检查每两年至少一次）。

（2）具备必要的电气知识和业务技能，且按工作性质熟悉《国家电网公司电力安全工作规程（线路部分）》的相关部分，并经考试合格。

（3）具备必要的安全生产知识，学会紧急救护法，特别要学会触电急救。

（4）进入作业现场应正确佩戴安全帽，现场作业人员应穿全棉长袖工作服、绝缘鞋。

1.2.2 教育和培训要求

（1）各类作业人员应接受相应的安全生产教育和岗位技能培训，经考试合格上岗。

（2）作业人员对《国家电网公司电力安全工作规程（线路部分）》应每年考试一次。因故间断检修工作连续三个月以上者，应重新学习《国家电网公司电力安全工作规程（线路部分）》，并经考试合格后，方能恢复工作。

（3）新参加电气工作的人员、实习人员和临时参加劳动的人员（管理人员、非全日制用工等），应经过安全知识教育后，方可到现场参加指定的工作，并且不准单独工作。

（4）外单位承担或外来人员参与公司检修工作的工作人员应熟悉《国家电网公司电力安全工作规程（线路部分）》、并经考试合格，经设备运维管理部门认可，方可参加工作。工作前，设备运维管理部门应告知现场检修设备接线情况、危险点和安全注意事项。

（5）任何人发现有违反《国家电网公司电力安全工作规程（线路部分）》的情况，应立即制止，经纠正后才能恢复作业。各类作业人员有权拒绝违章指挥和强令冒险作业；在发现直接危及人身、电网和设备安全的紧急情况时，有权停止作业或者在采取可能的紧急措施后撤离作业场所，并立即报告。

（6）在试验和推广新技术、新工艺、新设备、新材料的同时，应制定相应的安全措施，经本单位批准后执行。

1.3 工作要求及依据

1.3.1 作业现场要求

（1）作业现场的生产条件和安全设施等应符合有关标准、规范的要求，工作人员的劳动防护用品应合格、齐备。

（2）经常有人工作的场所及施工车辆上宜配备急救箱，存放急救用品，并应指定专人经常检查、补充或更换。

（3）现场使用的安全工器具应合格并符合有关要求。

（4）各类作业人员应被告知其作业现场和工作岗位存在的危险因素、防范措施及事故紧急处理措施。

1.3.2 工作依据

GB 26859—2011《电力安全工作规程（电力线路部分）》

GB/T 18857—2008《配电线路带电作业技术导则》

DL 5009.2—2013《电力建设安全工作规程（第2部分：电力线路）》

Q/GDW1799.2—2013《国家电网公司电力安全工作规程（线路部分）》

《国家电网公司安全工作规定》（国家电网企管〔2014〕1117号）

《国家电网公司安全职责规范》（国家电网安质〔2014〕1528号）

《国家电网公司生产作业风险管控工作规范（试行）》（国家电网安监〔2011〕137号）

《国家电网公司安全风险管理工作基本规范（试行）》（国家电网安监〔2011〕139号）

《国家电网公司安全生产反违章工作管理办法》（国家电网企管〔2014〕70号）

《国家电网公司供电企业作业安全风险辨识防范手册》

1.4 作业流程

架空电力线路检修作业流程如图1-1所示。

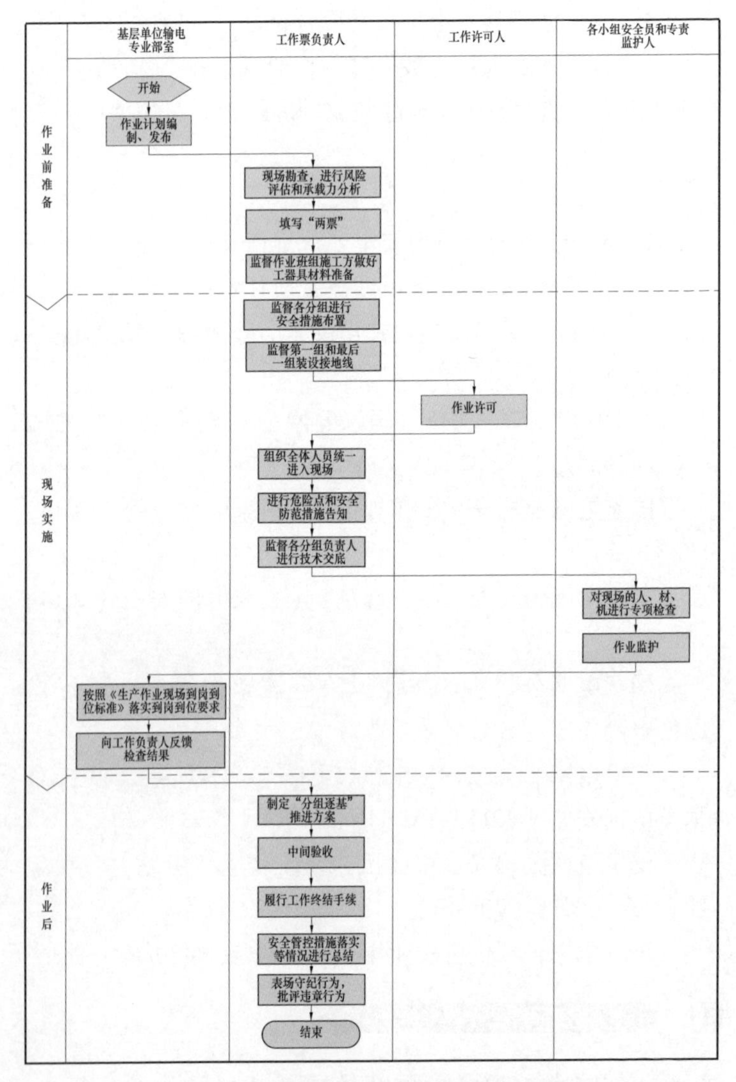

图 1-1　架空电力线路检修作业流程图

1.5 作业内容和工艺标准

架空电力线路检修作业的具体作业工序和工艺标准见表1-1。

表1-1 线路检修作业的具体作业工序和工艺标准

序号	作业内容	作业工序	工艺标准和要求
1	工作许可	办理工作许可手续	作业前与调度联系线路确已停电，并且安全措施已布置完毕，可以作业。工作负责人在接受许可开始工作的命令时，应与工作许可人核对停电线路双重称号无误
2	宣读工作票	面向全部工作人员宣读工作票	1. 工作负责人召集全体人员列队，宣读工作票，工作人员列队认真听票。 2. 工作负责人讲明工作中的危险点及安全措施，并向工作人员进行提问，无问题后方可开始作业
3	核对现场	核对工作范围及设备	工作负责人接到工作许可命令后，率领工作班成员到达作业现场。工作负责人要亲自按工作票、缺陷小票核对线路名称、杆塔号

续表

序号	作业内容	作业工序	工艺标准和要求
4	登杆塔	1. 杆塔上作业人员带传递绳沿脚钉上杆塔，登杆塔工作。 2. 工作负责人（监护人）严格监护	登杆塔前正确佩戴个人安全用具，杆塔有防坠装置的，应使用防坠装置，登杆塔过程中，双手不得携带物品。杆塔上人员，必须正确使用安全带（绳），在杆塔上作业转位时，不得失去安全带（绳）保护
5	验电挂接地线	1. 地面作业人员将验电器及接地线分别传递上杆塔。 2. 杆塔上作业人员逐相验电、验明线路确无电压后、挂接地线，先挂接地端后挂导线端	1. 首先核对线路名称、杆塔号、线路色标等。 2. 验电使用相应电压等级、合格的接触式验电器。 3. 验电时人体应与被验电设备保持0.7m以上的安全距离，并设专人监护，使用伸缩式验电器时应保证绝缘的有效长度。 4. 将验电杆和地线传至塔上，逐相验电并挂牢接地线（声光验电器在使用前必须经检验合格）；对有可能接触到地线的情况，还应该在架空地线上挂接地线。装设接地线时，工作人员应戴绝缘手套，人体不得碰触接地线。挂接地线时，应先接接地端，后接导线端，接地线连接要可靠，不准缠绕。 5. 携带传递绳沿脚钉下塔，报告工作负责人验电确无电压、挂接地线完毕。 6. 在同塔架设多回路杆塔的停电线路上装设的接地线，应采取措施防止接地线摆动

续表

序号	作业内容	作业工序	工艺标准和要求
6	检修作业（以更换绝缘子为例）	1. 接地线挂设完毕，工作负责人许可后，杆塔上作业人员带传递绳沿脚钉上杆塔。 2. 在适当的位置固定传递滑车，由地面作业人员传上个人保安线并准确挂设。 3. 地面作业人员将导线提升器、导线保护绳、传递上塔。 4. 一名杆塔上作业人员做好导线后备保护，解开绑线。 5. 两名杆塔上作业人员配合，用导线提升器提升导线。 6. 松开绝缘子螺栓，取下旧绝缘子。 7. 地面作业人员将绝缘子传递上塔。 8. 装好新绝缘子，检查螺栓、垫片是否缺少，螺栓把弹簧垫片紧固平为止。 9. 放下提升器后取下并拆除导线保护绳、个人保安线，并传递到地面	1. 杆塔上作业人员必须系好安全带，更换过程中安全带不得系在绝缘子或导线上，脚踩稳后方可工作。 2. 导线保护绳的长度不能过长。 3. 提升导线前检查导线提升器连接是否牢固，提升导线的同时，注意提升器不要伤及导线。 4. 在工作中使用的工具、材料必须用绳索传递，不得抛扔。 5. 提升器操作要缓慢，检查金具有无异常情况

续表

序号	作业内容	作业工序	工艺标准和要求
7	拆除接地线	1. 工作负责人检查横担上及作业点有无遗漏的工具、材料，确无问题后下令拆除接地线。 2. 拆接地线的顺序与挂接地线的顺序相反。 3. 接地线拆除后塔上操作人员检查塔上有无遗漏的工具和材料，无问题后带传递绳沿脚钉下塔至地面向工作负责人汇报	1. 杆塔上作业人员确认杆塔上工具材料已拆除干净，杆塔上无遗留物，工作负责人下令拆除接地线。 2. 拆除接地线应先拆导线端，后拆接地端，拆装接地线均应使用绝缘棒或专用的绝缘绳，人体不得碰触接地线或未接地的导线。 3. 对同杆塔架设的多层电力线路进行拆除接地线时，拆除时次序与先挂设相反。 4. 接地线拆除后，应即认为线路带电，不准任何人再进行工作
8	下杆塔	1. 检查杆塔上无遗留物。 2. 下杆塔返回地面。 3. 工作负责人严格监护	1. 确认杆塔上无遗留物。 2. 下杆塔时，杆塔有防坠装置的，应使用防坠装置，下杆塔过程中，双手不得携带物品。 3. 监护人专责监护
9	工作终结	1. 清理地面工作现场。 2. 工作负责人全面检查工作完成情况，确认无误后签字撤离现场。 3. 工作负责人向工作许可人汇报，履行工作终结手续	确认工器具均已收齐，工作现场做到“工完、料净、场地清”

续表

序号	作业内容	作业工序	工艺标准和要求
10	自检记录	1. 更换的零部件。 2. 发现的问题及处理情况。 3. 验收结论	

第2章 作业前准备

2.1 作业计划编制和工作准备

检修作业计划管理包括计划编制、计划发布和计划管控，如图 2-1 所示。

2.1.1 作业计划编制原则

贯彻状态检修、综合检修的基本要求，按照国网公司“六优先、九结合”的原则，科学编制作业计划。

六优先：人身风险隐患优先处理；重要变电站（换流站）隐患优先处理；重要输电线路隐患优先处理；严重设备缺陷优先处理；重要用户设备缺陷优先处理；新设备及重大生产改造工程优先安排。

九结合：生产检修与基建、技改、用户工程相结合；线路检修与变电检修相结合；二次系统检修与一次系统检修相结合；辅助设备检修与主设备检修相结合；两个及以上单位维护的线路检修相结合；同一停电范围内有关设备检修相结合；低电压等级设备检修与高电压等级设备检修相结合；输变电设备检修与发电设备检修相结合；用户检修与电网检修相结合。

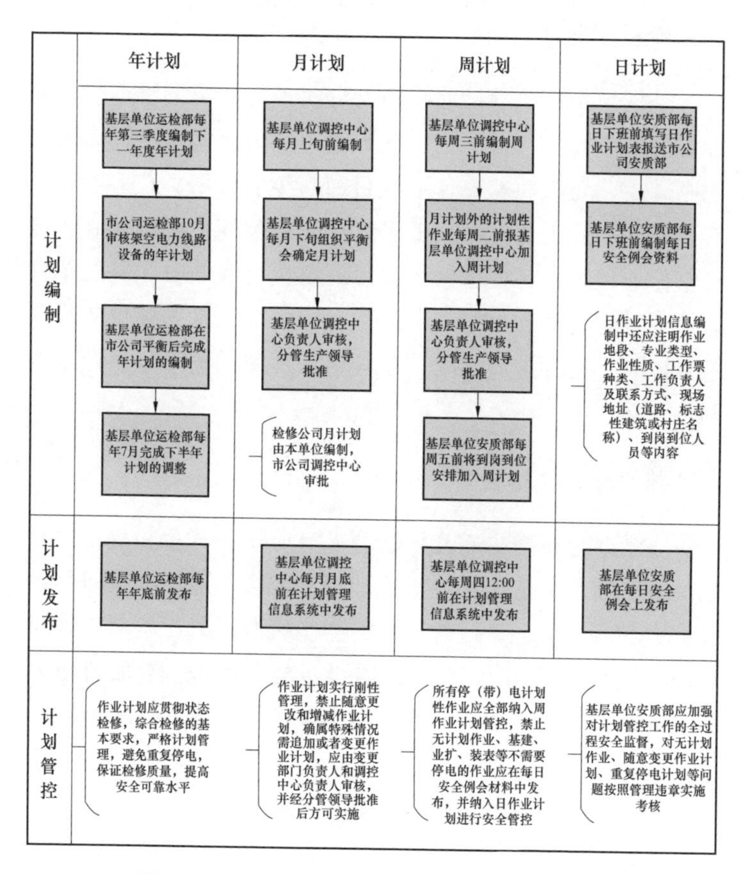

图 2-1　架空电力线路检修作业计划流程框图

2.1.2 计划编制

1. 年度作业计划编制

基层单位运检部计划管理人员应于每年第三季度提出年计划的编制需求，根据《国网天津市电力公司生产设备大修原则》的规定，将检修作业项目纳入年度计划，统筹考虑物料到货期、施工招标期及工程节点完成预期，科学编制年度检修作业计划，年度检修作业计划模板见表2-1。基层单位运检部计划管理人员应结合设备运行情况、状态评价的最新结果以及工程的进展情况，于每年7月完成下半年年计划的调整。

2. 月度作业计划编制

基层单位调控中心计划管理人员应于每月上旬提出月计划的编制需求，依据年度作业计划，结合作业所涉及班组的承载力初步分析，进行月计划的初步编制，月度检修作业计划模板见表2-2，同时按照停电设备的调度范围将月计划及相关生产资料报送相应调度范围的调控中心计划管理人员。

基层单位调控中心计划管理人员应于每月下旬组织分管生产领导及各有关部门负责人召开月度停电计划平衡会，结合设备状态、电网需求、可靠性、保供电、气候特点、物资供应等因素制定月度作业计划。

月计划应由基层单位调控中心负责人审核，分管生产领导批准。

表 2-1 年度检修作业计划模板

序号	电压等级	停电设备	检修工作内容			申请单位	上次停电日期	计划日期（月）	计划日期（日）	检修类别	备注（新增加计划需注明原因）
			线路	变电设备	二次设备						

表 2-2　月度检修作业计划模板

单位	序号	电压等级	起止日期	星期	起止时间	停电范围	工作内容	是否年度计划	上次停电时间	工程性质	施工单位	工作负责人	工作跟踪人	领导到岗到位	停电用户	公变名称	公变号	是否有分布式电源、光伏发电	备注

3. 周作业计划编制

基层单位调控中心计划管理人员根据月度作业计划，结合保供电、气候条件、日常运维需求、承载力分析结果等情况统筹编制周作业计划，周检修作业计划模板见表2-3。周作业计划宜分级审核上报，实现省、地市、县公司级单位信息共享。

周计划应由基层单位调控中心负责人审核，分管生产领导批准。

基层单位在确定周计划的同时由各部门确定到岗到位人员，并报安质部备案。

4. 日作业计划编制

基层单位相关部门和班组应根据周作业计划，结合临时性工作，合理安排工作任务，并于每日下班前将下一日作业计划和日安全例会材料报安质部，日检修作业计划模板见表2-4，由安质部汇总后报送市公司安质部。

日安全例会材料应包括调控中心、运检部、建设部、营销部、集体企业工作内容、风险预警和应对措施等内容。

表 2-3 周检修作业计划模板

单位	序号	电压等级	起止日期	星期	起止时间	停电范围	工作内容	是否月度计划	工作负责人	工作跟踪人	工程性质	施工单位	领导到岗到位	停电用户	备注

表2-4　日检修作业计划模板

单位	序号	电压等级	日期	星期	起止时间	停电范围	工作内容	是否月度计划	工作负责人	工作跟踪人	工程性质	施工单位	领导到岗到位	停电用户	备注

2.1.3 计划发布

年度作业计划应经市公司运检部审核，由基层单位运检部计划管理人员发布；年中调整后的年度作业计划应经市公司运检部平衡后由基层单位运检部计划管理人员及时发布。

月度作业计划应经分管生产领导批准，由基层单位调控中心计划管理人员每月在计划管理信息系统中发布。

周作业计划应经分管生产领导批准，由基层单位调控中心计划管理人员于每周在计划管理信息系统中发布。

日作业计划和日安全例会材料应由基层单位安质部在每日安全例会上发布。

信息发布应包括作业时间、电压等级、停电范围、作业内容、作业单位等内容。周作业计划信息发布中还应注明作业地段、专业类型、作业性质、工作票种类、工作负责人及联系方式、现场地址（道路、标志性建筑或村庄名称）、到岗到位人员、作业人数、作业车辆等内容。

2.1.4 计划管控

作业计划经分管领导批准后报市公司备案，实行刚性管理。贯彻状态检修、综合检修的基本要求，严格计划管理，避免重复停电，减少操作次数，保证检修质量，提高安全可靠水平。

所有停（带）电计划性作业应全部纳入周作业计划管控，禁止无计划作业。

作业计划实行刚性管理，禁止随意更改和增减作业计划，确属特殊情况需追加或者变更作业计划，应由变更部门负责人和调控中心负责人审核，并经分管领导批准后方可实施。

作业计划按照“谁管理、谁负责”的原则实行分级管控。各部门应加强计划编制与执行的监督检查，分析存在问题，并定期通报。

基层单位安质部应加强对计划管控工作的全过程安全监督，对无计划作业、随意变更作业计划、重复停电计划等问题按照管理违章严格考核。

2.2 现场勘察

2.2.1 现场勘察制度

进行电力线路施工作业、工作票签发人或工作负责人认为有必要现场勘察的检修作业，施工、检修单位均应根据工作任务组织现场勘察，并填写现场勘察记录。现场勘察由工作票签发人或工作负责人组织。

现场勘察应查看现场施工（检修）作业需要停电的范围、保留的带电部位和作业现场的条件、环境及其他危险点等。

根据现场勘察结果，对危险性、复杂性和困难程度较大的作业项目，应编制组织措施、技术措施、安全措施，经本单位批准后执行。

2.2.2 现场勘察组织

现场勘察应在编制“三措”及填写工作票前完成。现场勘察由工作票签发人或工作负责人组织，会同输电运维班组、施工总包管理方、施工分包方相关人员参加。现场勘察一般由工作负责人、设备运维管理单位和作业单位相关人员参加。对涉及多专业、多单位的大型复杂作业项目，应由项目主管部门、单位组织相关人员共同参与。

承发包工程作业应由项目主管部门、单位组织，设备运维管理单位和作业单位共同参与。开工前，工作负责人或工作票签发人应重新核对现场勘察情况，发现与原勘察情况有变化时，应及时修正、完善相应的安全措施。

2.2.3 现场勘察主要内容

勘察重点从需要停电的范围、保留的带电部位、作业现场的条件及环境、需要落实的“反措”及发现与原勘察情况有变化的设备遗留缺陷等五个方面出发。

需要停电的范围：作业中直接触及的电气设备，作业中机具、人员及材料可能触及或接近导致安全距离不能满足《国家电网公司电力安全工作规程（线路部分）》规定距离的电气设备，记录应拉开的开关、刀闸、保险的双重编号。

保留的带电部位：记录邻近、交叉、跨越等不需停电的线路及设备编号，排查检修区域是否存在双电源、自备电源、分布式电源等可能反送电的设备。

作业现场的条件：装设接地线的位置和接地刀闸编号，规划人员的进出通道，设备、机械搬运的通道及摆放地点，记录地下管沟、隧道、工井等有限空间、地下管线设施走向等。

作业现场的环境：施工线路跨越铁路、电力线路、公路、河流、居民区等环境，作业对周边构筑物、易燃易爆设施、学校、通信设施、交通设施产生的影响，作业可能对城区、人口密集区、交通道口、通行道路上人员产生的人身伤害风险等。

作业现场危险源：排查、记录作业现场、作业过程中存在的危险点。如：触电、邻近带电（感应电）、高空坠落、基坑坍塌、滑坡滚山、机械伤害、有毒有害气体、溺水、交通伤害等。

线路检修作业需要落实的“反措”及设备遗留缺陷、隐患。

2.2.4 现场勘察记录

由现场勘察负责人或勘察人员手工填写现场勘察记录单，见表2-5。现场勘察记录宜采用文字、图示或影像相结合的方式。对检修作业现场的作业任务、作业方法、危险点、预控措施等（必要时采用勘察简图）进行勘察。

现场勘察记录的主要内容包括：工作地点、停电范围及需停电的开关、刀闸等的设备编号，保留的带电部位，作业现场的条件、环境及其他危险点，应采取的接地等安全措施，采用文字、图示符号及影像相结合的方式标注说明。

现场勘察记录应作为工作票签发人、工作负责人及相关各方编制“三措”和填写、签发工作票的依据。

现场勘察技术后，由工作票负责人收执《现场勘察记录单》，勘察记录单同工作票一起保存一年。《现场勘察记录单》示例如下。

现场勘察记录单

勘察单位：国网天津武清供电有限公司

编号：武清—运维检修部（输电运检室）—20160427

对应的工作票编号：武清—运维检修部（检修分公司）（线一）—2016040003

勘察负责人：杨××勘察人员：卢××、徐××、白××、曹××、王××

勘察的线路或设备的双重名称（多回应注明双重称号）：

35kV×徐线（由武清220kV站313-2线路侧至徐官屯35kV站312-2线路侧，面向线路杆塔号增加方向左线，红色标）

工作任务（工作地点或地段以及工作内容）：

35kV×徐线20～25号杆、28号塔、30号塔、31号塔、33～37号杆更换绝缘子；35kV×徐线7～11号塔、16号塔双串化改造

1. 需要停电的范围 35kV ×徐线全线
2. 保留的带电部位 （1）保留的带电线路：无。 （2）邻近的带电设备：① 35kV×徐线3号塔与35kV×蔡线2号塔同杆塔并架，35kV×蔡线线路带电。② 35kV×徐线4～18号塔与35kV×蔡一支1～15号塔为同杆塔并架，35kV×蔡一支线路带电。③ 35kV×徐线32～33号塔跨越10kV郑楼428线20～21号杆，10kV郑楼428线线路带电。④ 35kV ×徐线6～10号塔与10kV义维信21线20～34号杆线路并行，10kV义维信21线线路带电。⑤ 35kV×徐线39号塔与35kV曹×线45号塔同塔并架，35kV曹×线线路带电

3. 作业现场的条件、环境及其他危险点 （1）现场环境具备作业条件。 （2）触电伤害。 （3）高空坠落。 （4）物体打击伤害。 （5）感应电伤人。
4. 应采取的安全措施 （1）现场环境具备作业条件 现场环境良好，7～16号杆塔坐落于广源道南侧8m处，工作期间存在过往车辆的行车安全，措施为在路口、路边工作时应放置“前方施工，车辆慢行”警示牌，并有专人持信号旗看护。在每一个工作区域设置围栏并悬挂“禁止跨越和在此进出”等警示牌。 （2）防触电措施 1）35kV×蔡一支线带电运行，检查杆塔标牌、色标正确，在双挂点改造的×徐线每基杆塔设置安全监护人并在×蔡一支线路侧的各线色牌处安装红旗作为此线路带电警示；在每一基杆塔的带电侧最上方避雷线横担处安装红外摄像头，监测工作人员若不慎误入带电侧横担时进行报警提醒。 2）在×徐线3号、39号杆塔验电前检查验电器合格、完好并在检定周期内；验电前用工频高压发生器确认验电器良好。 3）验电、装设接地线时现场设专人监护，监督作业人员与35kV×蔡线、曹×线带电线路保持不小于1m的最小安全距离。 4）验电、装设接地线操作人员操作过程戴绝缘手套；在×徐线3号杆塔小号侧封地一组，在×徐线39号杆塔大号侧封地一组。 5）作业人员登塔前每人发放一张×徐线路的识别卡，时刻提醒该检修线路的线路名称。 6）上下传递工具、材料应使用绝缘无极绳索，传递时地面有人控制绳索不让其随意摆动，保证工具材料与带电导线的安全距离。 7）10kV义维信21线、10kV郑楼428线、35kV×蔡线退出重合闸。 （3）防高空坠落措施 1）在工作过程中，登高作业人员检查安全带无破损、脚扣焊接处无裂痕且在检定周期内，防坠后备绳安全可靠，安全带和保险绳应分挂在铁塔不同部位牢固构件上。不得低挂高用。禁止系在移动和不牢固的物件上。

2）攀登杆塔前检查脚钉是否牢固，作业过程人体移位不得失去安全带保护，不得同时解开安全带、保险绳。

3）上下交叉作业和多人在一处作业时，作业人员应相互照应，密切配合。

4）更换绝缘子和双串化改造时，要使用二道保险，防止掉线伤人。

5）材料到达塔上后要放置平稳，以防止落物伤人。

6）高空作业应一律使用工具袋，较大的材料应放置在牢靠的地方或用绳索绑牢防止出现坠落伤人事件发生。

（4）防物体打击措施

1）作业过程中，并架带电工作点传递物件使用绝缘无极绳索传送，传递物件要系牢，严禁上下抛掷。杆塔、地面作业人员正确佩戴安全帽。

2）作业过程每基塔设安全监护人，工作点下方设围栏，禁止非作业人员进入作业现场，进入现场的出入口设专人看守。

（5）防感应电伤人措施

1）×徐线7～16号杆塔上工作，防止同塔并架的×蔡一支线路产生感应电伤人，工作前，作业人员自行封挂个人保安线。

2）在邻近带电线路作业时，注意保持安全距离，35kV线路安全距离为1m，10kV线路安全距离为0.7m

5. 附图与说明（必要时可另附）

无

记录人：×××　勘察时间：2016年4月27日9时6分至2016日11时20分

2.3 风险评估

2.3.1 风险评估组织

现场勘察结束后，编制“三措”、填写“两票”前，应针对作业开展风险评估工作。风险评估一般由工作票签发人或工作负责人组织。

设备改进、革新、试验、科研项目作业，应由作业单位组织开展风险评估。

涉及多专业、多单位共同参与的大型复杂作业，应由作业项目主管部门、单位组织开展风险评估。

2.3.2 风险评估危险因素

风险评估主要针对触电伤害、高空坠落、物体打击、机械伤害、特殊环境作业、误操作等方面存在的危险因素，全面开展评估，详见表2-5。

表2-5　风险评估危险因素

序号	评估类别	危　险　因　素
一、	触电伤害	
（一）	误登带电设备	1. 设备检修时，工作人员与带电部位的安全距离小于规定值，造成人员触电
		2. 悬挂标示牌和装设遮（围）栏不规范，造成人员触电。如：标示牌缺少、数量不足或朝向不正确，装设遮（围）栏满足不了现场安全的实际要求等
		3. 工作票上安全措施不正确完备，造成人员触电。如：有来电可能的地点漏挂接地线等

续表

序号	评估类别	危　险　因　素
（一）	误登带电设备	4. 线路名称、编号标志设置不规范、不齐全造成误入、误登带电杆塔。如：杆塔标识牌脱落、字迹不清、更换标识牌不及时等
		5. 现场安全交底内容不清楚，造成人员触电。如：工作负责人布置工作任务时未向工作班成员交待杆塔双重名称及编号，工作班成员登杆前未核对双重称号和标志导致误登带电杆塔触电
		6. 忽视对外协工作人员、临时工的安全交底，造成人员触电。如：使用少量的外协工作人员、临时工时，未进行安全交底
		7. 检修人员擅自工作或不在规定的工作范围内工作，误登带电杆塔，造成人员触电。如：无票工作、未经许可工作、擅自扩大工作范围、在安全遮（围）栏外工作等
		8. 杆塔上传递材料时的安全距离不符合要求，造成人员触电。如：同杆架设多回路单回停电、平行、邻近、交叉带电杆塔上工作传递工器具材料
		9. 平行、邻近、同杆架设线路附近停电作业，接触导线、架空地线时感应电，造成人员触电。如：未使用个人保安线
		10. 穿越未经接地同杆架设低电压等级线路，造成人员触电
		11. 电力检修（施工）作业，未能准确判断电缆运行状态、盲目作业，造成人员触电
		12. 电缆接入（拆除）架空线路或开关柜间隔，误登带电杆塔或误入带电间隔，造成人员触电

续表

序号	评估类别	危险因素
（二）	误碰带电设备	1. 现场使用吊车、斗臂车时，对吊车、斗臂车司机现场危险点告知及检查不规范，造成人员触电。如：未告知现场工作范围及带电部位，致使吊臂对带电导体放电等
		2. 现场临时电源管理不规范，造成人员触电。如：乱拉电源线，电源线敷设不规范，使用的工具、金属型材、线材误将临时电源线轧破磨伤等
		3. 仪器的摆放位置不合理，造成人员触电。如：仪器摆错位置或摆放离带电设备太近等
		4. 加压过程中失去监护，造成人员触电。如：监护人干其他工作或随意离去，注意力不集中等
		5. 仪器金属外壳无保护，造成人员触电。如：外壳未接地或接地不牢等
		6. 试验现场安全措施不规范，他人误入，造成人员触电。如：遮栏或围栏进出口未封闭，标示牌朝向不正确，无人看守等
		7. 高压试验人员操作时未规范使用绝缘垫，造成人员触电。如：绝缘垫耐压不合格，绝缘垫太小，试验人员操作时一只脚站在绝缘垫上，另一只脚站在地面上等
		8. 绝缘工器具不合格或使用不规范，造成人员触电。如：受潮、破损、超周期使用，绝缘杆未完全拉开等
		9. 在变电站内人工搬运较长物件不规范。如：梯子、金属管材、型材未放倒搬运等
		10. 拖拽电缆时未做防护措施，导致与带电设备距离不够，造成人员触电

续表

序号	评估类别	危险因素
（三）	电动工器具类触电	1. 电动工器具的使用不规范，造成人员触电。如：手握导线部分或与带电设备安全距离不够等
		2. 电动工器具绝缘不合格，造成人员触电。如：外绝缘破损、超周期使用等
		3. 电动工器具金属外壳无保护，造成人员触电。如：外壳未接地或用缠绕方式接地
		4. 装拆临时接地线操作不当，造成人员触电。如：装设接地线时接地线触及操作人员身体、装设接地线时误碰带电设备、装设接地操作顺序颠倒
（四）	运行维护工作触电	1. 高压设备发生接地时，巡视人员与接地之间小于安全距离没有采取防范措施，造成人员触电
		2. 雷雨天巡视设备时，靠近避雷针、避雷器，遇雷反击，造成人员触电
		3. 夜间巡视设备时，巡视人员因光线不足，误入带电区域，造成人员触电
		4. 汛期巡视设备时，安全用品、设备失效，造成人员触电
（五）	其他类触电	1. 动火工作过程不规范，造成人员触电。如：动火用具与带电设备安全距离不够，在较潮湿的环境条件下进行电焊作业
		2. 进行设备验收工作时，人与带电部位距离小于安全距离，造成人身触电
		3. 绝缘斗臂车工作位置选择不当，绝缘部位与带电距离不够，导致相间短路
		4. 带电作业人员不熟悉带电操作程序，导致触电

续表

序号	评估类别	危险因素
二、	高空坠落	
（一）	登塔、登杆作业	1. 高处作业时防止高处坠落的安全控制措施不充分、高处作业时失去监护或监护不到位，造成人员高处坠落
		2. 个人安全防护用品使用不当，造成人员高处坠落。如：使用不合格的安全帽或安全帽佩戴不正确、高处作业使用不合格的安全带或使用方法不正确，在登杆、登塔中不能起到防护作用等
（二）	绝缘子、导线上工作	1. 更换绝缘子时，绝缘子锁紧销脱落等，造成人员高处坠落
		2. 链条葫芦使用不规范，导致绝缘子掉串，造成人员高处坠落。如：超载、制动装置失灵等
		3. 更换绝缘子时，滑轮组使用不规范，造成人员高处坠落。如：滑轮组绳强度不足、过载等
（三）	构架上工作	1. 构架上有影响攀登的附挂物，造成人员高处坠落。如：照明灯、标示牌、支撑架、拉线等
		2. 攀登时，爬梯金属件或支撑物不符合要求，造成人员高处坠落。如：金属件缺失、松动、脱焊、锈蚀严重、支撑物埋设松动
		3. 构架上移位方法不正确，失去防护，造成人员高处坠落。如：未正确使用双保险安全带，手未扶构件或手扶的构件不牢固，踩点不正确或踏空等
		4. 焊、割工作中防护措施不当，造成人员高处坠落。如：安全带系挂在焊、割构件上或焊、割点附近及下风侧，工作人员在下风侧等

续表

序号	评估类别	危险因素
（四）	使用软梯在软母线上工作	1. 梯头及软梯本身不符合要求，造成人员高处坠落。如：封口损坏、连接松动、脱焊、裂纹，软梯腐蚀、构股、断股、挂钩保险损坏等
		2. 软梯架设不稳固或攀登方法不正确，造成人员高处坠落。如：软梯与梯头连接不牢固，梯头与母线挂接不可靠，软梯不稳；跳跃攀登、双手未抓牢主绳、脚未踩稳等
		3. 梯头挂接不可靠或防护措施不当，造成人员高处坠落。如：梯头封口未可靠封闭，且安全带未系在母线上等
（五）	使用梯子攀登或在梯子上工作	1. 梯子本身不符合要求，造成人员高处坠落。如：构件连接松动、严重腐（锈）蚀、变形；防滑装置（金属尖角、橡胶套）损坏或缺失、无限高标志或不清晰、绝缘梯绝缘材料老化、劈裂；升降梯控制爪损坏、人字梯铰链损坏、限制开度拉链损坏或缺失等
		2. 梯子放置不符合要求，造成人员高处坠落。如：角度不符合要求、不稳固；梯子架设在滑动的物体上、人字梯限制开度拉链未完全张开；升降梯控制爪未卡牢，靠在软母线上的梯子上端未固定等
		3. 上、下梯子防护措施不当造成坠落。如：无人扶梯、未穿工作鞋、脚未踩稳、手未抓牢、面部朝向不正确等
		4. 在梯上工作时，梯子使用不当或在可能被误碰的场所使用梯子未采取措施，造成坠落。如：站位超高、总质量超载、梯子上有人时移动梯子、在通道、门（窗）前使用梯子时被误碰等
		5. 水平梯使用方法不正确、失去防护，造成人员高处坠落。如：梯子固定不可靠或超载使用，导致水平梯脱落或断裂，且未使用双保险安全带等

续表

序号	评估类别	危险因素
（六）	脚手架上工作	1. 脚手架本身不符合要求，造成人员高处坠落。如：组件腐蚀、拆裂、严重机械损伤；组件裂纹、严重锈蚀、变形、弯曲；木（竹）制脚手板厚度不合要求；安全网网绳、边绳、筋绳断股、散股及严重磨损，连接不牢；脚手架的承重不符合要求
		2. 脚手架上工作面湿滑及防护措施不当，造成人员高处坠落。如：工作面有油污、冰雪、鞋底有油污、无上下固定梯子、在高度超过 1.5m 没有栏杆的脚手架上工作未使用安全带等
（七）	斗臂车（含曲臂式升降平台）上工作	1. 斗臂车本身不符合要求，造成工作斗下落，造成人员高处坠落。如：结构变形、裂缝或锈蚀；零部件磨损或变形；气（电）动、液压保险、制动装置失灵；螺栓和其他紧固件松动；焊接部位开裂纹、脱焊；铰接点的销轴装置脱落等
		2. 斗臂车不稳固造成倾覆，造成人员高处坠落。如：地面松软、支撑不稳定
		3. 工作方法不正确，造成人员高处坠落。如：发动机熄火；下部人员误操作，且绝缘斗中工作人员未系安全带，导致绝缘斗中人员被其他物件碰挂等
（八）	电缆竖井作业	电缆竖井内设施不符合要求，工作方法不正确，造成人员高处坠落。如：爬梯或电缆支架缺失、松动、脱焊、锈蚀严重；上下爬梯脚未踩稳、登高工作中未使用安全带等
三、	物体打击	
（一）	高处作业现场	高空落物伤人。如：不正确佩戴安全帽、围栏设置和传递工具材料方法不正确等
（二）	工作平台及脚手架	垮塌或落物伤人。如：工作平台、脚手架四周没有设置围网，杆脚搭设在不稳固的鹅卵石上等

续表

序号	评估类别	危险因素
（三）	搬运设备及物品	重物失去控制伤人。如：搬运各种保护屏、柜、试验仪器、设备等
（四）	更换绝缘子	绝缘子掉串伤人。如：绝缘子没有连接好突然掉落、控制绝缘子的绳子突然松掉等
（五）	压力容器	喷出物或容器损坏伤人
（六）	线路拆线	倒塔和断线时伤人。如：倒杆（塔）、断杆砸伤人，断线时跑线抽伤人
（七）	立、撤杆塔	杆塔失控伤人。如：揽风绳、叉杆失控引起倒杆塔等
（八）	放、紧线及撤线	导线失控伤人。如：导线抽出伤人，手被导线挤伤、压伤等
（九）	砍剪树竹	树竹失控伤人。如：被倒下的树木或朽树枝砸伤等
（十）	敷设电缆	人员绊伤、摔伤、传动挤伤
（十一）	挖掘电缆沟	安全措施不当，导致伤人
（十二）	电缆头制作	操作不规范、措施不当，导致物体打击。如：坑、洞内作业未设置安全围栏等
四、	机械伤害	
（一）	操作钻床、台钻等机械设备	设备防护设施不全，造成人员伤害。如：缺少防护罩、防护屏、使用钻床戴手套等
（二）	开关设备的储能机构、装置检修	机械故障导致的能量非正常释放，造成人员伤害。如：弹簧、测量杆伤人等

续表

序号	评估类别	危险因素
（三）	砍剪树竹	使用的工器具质量不合格、操作不当或失控，造成人员伤害。如：油锯金属碎片飞出、锯掉的木屑、卡涩引起的转动异常、碰金属物、用力过猛误伤等
（四）	敷设电缆	展放电缆挤压伤人，或使用电缆刀剥导线时伤人，造成人员伤害
（五）	起重机械	吊车起重作业措施不当失控伤人，造成人员伤害。如：翻车、千斤断裂或系挂点脱落、起吊回转范围内有人等
五、	特殊环境作业	
（一）	夜晚、恶劣天气作业	1. 夜晚高处作业，工作场所照明不足，导致事故
		2. 恶劣气候条件下，在杆塔上作业或开展带电作业未采取有效的保障措施，导致事故。如：雨、雾、冰雪、大风、雷电、高温、高寒等天气
（二）	有限空间作业	1. 未对从业人员进行安全培训，或培训教育考试不合格，导致人身伤害
		2. 未严格实行作业审批制度，擅自进入有限空间作业，导致人身伤害
		3. 未做到“先通风、再检测、后作业”，或者通风、检测不合格，照明设施不完善，导致人身伤害
		4. 未配备防中毒窒息防护设备、安全警示标示，无防护监护措施，导致人身伤害
		5. 未制定应急处置措施，作业现场应急装置未配备或不完整，作业人员盲目施救，导致人身伤害和衍生事故

2.3.3 风险评估方法

定性风险评估：在检修任务情况基本相同的条件下，通过案例分析各个潜在的安全风险、已发生的安全事件次数，有可能事件发生的概率，是基于每一事件过去已经发生的频率，针对将要实施的检修、施工项目结合本部门安全管理现状和长期积累的工作经验，去测评检修、施工项目风险事件发生的概率或概率分布，判定作业过程存在的安全风险度，以主观概率的方式进行风险评估。

定量风险评估：定量风险评估包括可派出班组、工作负责人、工作人员数量、技能水平、施工机具、作业环境、安全防护等和自然环境（恶劣天气下）不可控因素的定量分析。

2.3.4 风险分析

安全风险事件后果的评估：依据检修作业存在的安全风险、可能造成的人身事件、设备事件三个方面来分析。判定哪些风险因素可能造成人身和设备损坏事件，不可控风险因素可能造成人身、设备事件的等级，可能发生安全事件的时间段分布。

风险评估出的危险点及预控措施应在“两票”“三措”等中予以明确。针对触电伤害、高空坠落、物体打击、机械伤害、特殊环境作业、误操作等方面存在的危险因素，全面开展评估，基层单位结合专项工作制定“现场作业风险分析与预控措施总表”，见表2-6。

表 2-6　现场作业风险分析与预控措施总表

	风险内容	危险因素	风险程度	控制措施	管控照片	剩余风险程度
一	现场勘察、作业前期准备组织	工作不到位	高	提前一个月现场勘察，并组织开展“一书两案三措”的制定和审核工作，组织全体作业人员现场学习标准化作业指导书、建立“输电施工安全管控微信群”，使用移动互联对讲机进行现场沟通管控	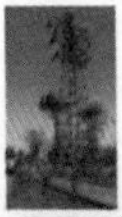 	低
二	作业人员装备	触电/高空坠落	中	作业人员按照“个人安全装备检查图”标准正确佩戴和使用个人安全防护保护用品，塔上作业使用专业工具袋、个人保安线及二次保护绳		低
三	安全与施工工器具	触电/高空坠落	高	安全与施工工器具由武清送变电公司统一校验，并利用二维码进行管理，验电前用工频高压发生器确认验电器良好		低
四	塔下地面作业	高空坠落/物体打击	高	作业杆塔按照坠落半径设置“口袋式避栏”，进行网格式分区管理，设立候工休息区、紧急医疗救护区、无人机起落区，作业前准备区，并使用多现场多目标视频监控网络管控		低

续表

	风险内容	危险因素	风险程度	控制措施	管控照片	剩余风险程度
五	临路作业	车辆碰撞	中	在公路侧摆放“前方施工，车辆慢行”的警示牌，并派人持红旗看守重要交通路口，协调交警到场疏导交通		低
六	临近带电线路作业	触电/线路外力	高	临近或井架的带电线路退重合闸、井架作业杆塔在带电侧线色牌处绑扎警示红旗，10kV线路进行带电绝缘遮蔽。同时使用“便携式防误入带电侧红外报警装置”、“线路标识卡”进行现场管控		低
七	塔上高空作业	触电/高空坠落/物体打击	高	1. 上下传递工具应使用绝缘无极绳索，传递时地面有人控制绳索不让去随意摆动，保证工具材料与带电导线的安全距离。 2. 更换绝缘子前．避免导线坠落伤人，导线固定方式采用二次保护的方式进行固定。 3. 杆塔下方设专人监护塔上工作人员，上下交叉作业和多人一处作业时，应相互照应，密切配合。 4. 塔上作业人员挂手拉葫芦，传递绳后应检查其受力及是否挂牢保证作业过程中不能脱出		低

2.4 承载力分析

2.4.1 承载力分析组织

基层单位应利用月度计划平衡会、周安全生产例会统筹开展所属单位承载力分析工作，由部门主管领导或所属部室主要负责人组织。

各部室、专业室主要负责人应利用周安全生产例会、周计划平衡会组织周检修作业承载力分析。

班组应利用周安全日活动或班前会，开展检修作业承载力分析工作，工作班承载力分析由工作票签发人或工作负责人组织，保证作业安排在承载力范围内。

2.4.2 承载力分析内容

基层单位部室、专业部室承载力分析内容包括可同时派出的班组数量；派出班组的作业能力是否满足作业要求；多专业、多班组、多现场间工作协调是否满足作业需求；派出（租用）施工机械梳理、性能是否满足作业要求。

作业班组承载力分析内容包括可同时派出的工作组和工作负责人数量；每个作业班组同时开工的作业现场数量，不得超过工作负责人数量；作业任务难易水平、工作量大小；安全防护用品、安全工器具、施工机具、车辆等是否满足作业需求；作业环境因素（地形地貌、天气等）对工作进度、人员配备及工作状态造成的影响等。

作业人员承载力分析内容涉及作业人员身体状况、精神状态以及有无妨碍工作的特殊病症；作业人员技能水平、安全能力。技能水平可根据其岗位角色、是否担任工作负责人、本专业工作年限等综合评定。

作业人员安全能力应结合《国家电网公司电力安全工作规程（线路部分）》考试成绩、人员违章情况等综合评定。下级单位应积极推进承载力量化分析工作，提升作业计划和工作安排的科学化、规范化管理水平。

2.5 填写工作票

2.5.1 风险分析及预控

输变配各专业在参加月度计划平衡会前，都应召开“班组安全生产承载力情况评价与分析”会，工作负责人根据班组填写的分析表，实现“以人定量”的目标，每月对输电专业总体工作量与作业班组承载力、作业人员承载力综合论证，从而最大限度地实现班组人员、器材、物资的合理配置，避免激化用工矛盾，从源头上提高安全生产管理水平。

根据前期现场勘查，和班组安全生产承载力情况评价与分析结果，依据线路工程特点制定“分组工作、同时开工、并行推进、多现场管控”的施工方案，将检修作业分为 n 个工作组（每个工作组一个施工现场）并依据线路检修工作分组情况和工作内容，绘制工程网络计划图，以×徐线绝缘子双串化改造项目为例，如图 2-2 所示。由工作票负责人、各个小组负责人完成作业现场全过程管控，如图 2-3 所示，所挑选作业人员均担任过工作负责人，且身体状况、技能水平、安全能力均符合要求。同时结合分组分工作现场情况，细化各分组风险控制表，见表 2-7～表 2-10。

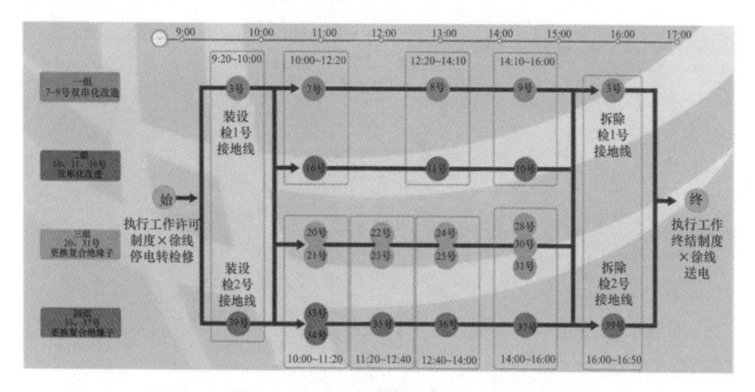

图 2-2　输电线路工程检修作业网络计划图

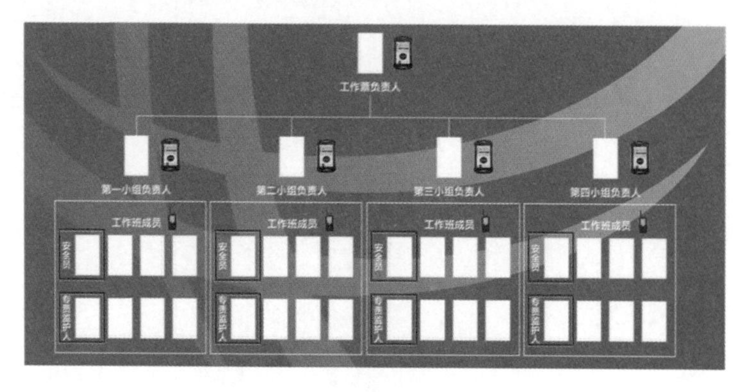

图 2-3　检修作业组织机构图

表 2-7　　第一小组现场作业风险分析及预控措施表

作业范围	×徐线7、9号绝缘子双串化改造			计划工作时间	2016-04-28 09:00	
(分组工作负责人)	徐××			计划完成时间	2016-04-28 17:00	
时间段	工作内容	危险因素	风险描述	控制措施	负责人	检查人
9:10～10:00	×徐线3号小号侧挂检1号接地线	触电/高空坠落	人身伤害	×徐线3号并架×蔡线2号侧带电，登杆前，持“线色识别卡”核对线路名称和杆塔号，严格执行验电封地制度，验电时作业人员应戴绝缘手套，塔上作业人员应正确佩戴和使用个人安全防护保护用品		
10:00～10:30	工作现场标准化布置	车辆碰撞	人身伤害	1. 临路作业时，在公路侧摆放“前方施工，车辆慢行”的警示牌，并派人持红旗看守重要交通路口。 2. 作业杆塔下按照标准布置“口袋式遮栏”，并进行网格化分区布置		
10:30～10:40	7号登塔后，挂滑车及绝缘绳	触电/高空坠落/物体打击	人身伤害	1. 持“线色识别卡”通过移动互联对讲机核对线路名称。 2. 塔上作业人员将并架线路×蔡一支线4号线色牌处三相挂警示红旗及红外报警装置。		

续表

时间段	工作内容	危险因素	风险描述	控制措施	负责人	检查人
10:30～10:40	7号登塔后，挂滑车及绝缘绳	触电/高空坠落/物体打击	人身伤害	3. 正确佩戴和使用个人安全防护保护用品，使用专业工具袋，并正确使用个人保安线及二次保护绳。 4. 上下传递工具应使用绝缘绳，地面有人控制绳索摆动。 5. 上下交叉作业和多人在一处作业时，应相互照应，密切配合		
10:40～12:20	7号绝缘子双串化改造	触电/高空坠落/物体打击	人身伤害	1. 材料到达塔上后要放置平稳，以防止落物伤人。 2. 避免导线坠落伤人，导线采用二次保护的方式进行固定。 3. 杆塔下方工作人员戴安全帽清理工具、材料和周围垃圾。 4. 塔上转移位置时，不得失去安全帽、个人保安线及二次保护绳的保护。 5. 塔上作业人员挂手拉葫芦，传递绳后应检查其受力及是否挂牢保证作业过程中不能脱出		

续表

时间段	工作内容	危险因素	风险描述	控制措施	负责人	检查人
12:20～12:30	8号登塔后，挂滑车及绝缘绳	触电/高空坠落/物体打击	人身伤害	1. 持“线色识别卡”通过移动互联对讲机核对线路名称。 2. 塔上作业人员将并架线路×蔡一支线5号线色牌处三相挂警示红旗及红外报警装置。 3. 正确佩戴和使用个人安全防护保护用品，使用专业工具袋，并正确使用个人保安线及二次保护绳。 4. 上下传递工具应使用绝缘绳，地面有人控制绳索摆动。 5. 上下交叉作业和多人在一处作业时，应相互照应，密切配合		
12:30～14:10	8号绝缘子双串化改造	触电/高空坠落/物体打击	人身伤害	1. 材料到达塔上后要放置平稳，以防止落物伤人。 2. 避免导线坠落伤人，导线采用二次保护的方式进行固定。 3. 杆塔下方工作人员戴安全帽清理工具、材料和周围垃圾。 4. 塔上转移位置时，不得失去安全帽、个人保安线及二次保护绳的保护。 5. 塔上作业人员挂手拉葫芦，传递绳后应检查其受力及是否挂牢保证作业过程中不能脱出		

续表

时间段	工作内容	危险因素	风险描述	控制措施	负责人	检查人
14:10～14:20	9号登塔后，挂滑车及绝缘绳	触电/高空坠落/物体打击	人身伤害	1. 持“线色识别卡”通过移动互联对讲机核对线路名称。 2. 塔上作业人员将并架线路×蔡一支线6号线色牌处三相挂警示红旗及红外报警装置。 3. 正确佩戴和使用个人安全防护保护用品，使用专业工具袋，并正确使用个人保安线及二次保护绳。 4. 上下传递工具应使用绝缘绳，地面有人控制绳索摆动。 5. 上下交叉作业和多人在一处作业时，应相互照应，密切配合		
14:20～16:00	9号绝缘子双串化改造	触电/高空坠落/物体打击	人身伤害	1. 材料到达塔上后要放置平稳，以防止落物伤人。 2. 避免导线坠落伤人，导线采用二次保护的方式进行固定。 3. 杆塔下方工作人员戴安全帽清理工具、材料和周围垃圾。 4. 塔上转移位置时，不得失去安全帽、个人保安线及二次保护绳的保护。 5. 塔上作业人员挂手拉葫芦，传递绳后应检查其受力及是否挂牢保证作业过程中不能脱出		

续表

时间段	工作内容	危险因素	风险描述	控制措施	负责人	检查人
16:00～16:50	×徐线3号小号侧拆除检1号接地线	触电/高空坠落	人身伤害	1. 塔上作业人员正确佩戴和使用个人安全防护保护用品。 2. 拆除地接线时应按照先拆导线端，后拆接地端，先高后低，先上后下，先远后近的原则。 3. 接地线、工具、更换下来的绝缘子与作业前的数量编号相符		

表2-8　第二小组现场作业风险分析及预控措施表

作业范围	×徐线10、11、16号绝缘子双串化改造			计划工作时间	2016-04-28 09:00	
(分组工作负责人)	卢××			计划完成时间	2016-04-28 17:00	
时间段	工作内容	危险因素	风险描述	控制措施	负责人	检查人
10:00～10:30	工作现场标准化布置	车辆碰撞	人身伤害	1. 临路作业时，在公路侧摆放“前方施工，车辆慢行”的警示牌，并派人持红旗看守重要交通路口。 2. 作业杆塔下按照标准布置“口袋式遮栏”，并进行网格化分区布置		

续表

时间段	工作内容	危险因素	风险描述	控制措施	负责人	检查人
10:30～10:40	16号登塔后，挂滑车及绝缘绳	触电/高空坠落/物体打击	人身伤害	1. 持“线色识别卡”通过移动互联对讲机核对线路名称。 2. 塔上作业人员将并架线路×蔡一支线13号线色牌处三相挂警示红旗及红外报警装置。 3. 正确佩戴和使用个人安全防护保护用品，使用专业工具袋，并正确使用个人保安线及二次保护绳。 4. 上下传递工具应使用绝缘绳，地面有人控制绳索摆动。 5. 上下交叉作业和多人在一处作业时，应相互照应，密切配合		
10:40～12:20	16号绝缘子双串化改造	触电/高空坠落/物体打击	人身伤害	1. 材料到达塔上后要放置平稳，以防止落物伤人。 2. 避免导线坠落伤人，导线采用二次保护的方式进行固定。 3. 杆塔下方工作人员戴安全帽清理工具、材料和周围垃圾。 4. 塔上转移位置时，不得失去安全帽、个人保安线及二次保护绳的保护。 5. 塔上作业人员挂手拉葫芦，传递绳后应检查其受力及是否挂牢保证作业过程中不能脱出		

续表

时间段	工作内容	危险因素	风险描述	控制措施	负责人	检查人
12:20～12:30	11号登塔后，挂滑车及绝缘绳	触电/高空坠落/物体打击	人身伤害	1. 持“线色识别卡”通过移动互联对讲机核对线路名称。 2. 塔上作业人员将并架线路×蔡一支线8号线色牌处三相挂警示红旗及红外报警装置。 3. 正确佩戴和使用个人安全防护保护用品，使用专业工具袋，并正确使用个人保安线及二次保护绳。 4. 上下传递工具应使用绝缘绳，地面有人控制绳索摆动。 5. 上下交叉作业和多人在一处作业时，应相互照应，密切配合		
12:30～14:10	11号绝缘子双串化改造	触电/高空坠落/物体打击	人身伤害	1. 材料到达塔上后要放置平稳，以防止落物伤人。 2. 避免导线坠落伤人，导线采用二次保护的方式进行固定。 3. 杆塔下方工作人员戴安全帽清理工具、材料和周围垃圾。 4. 塔上转移位置时，不得失去安全帽、个人保安线及二次保护绳的保护。 5. 塔上作业人员挂手拉葫芦，传递绳后应检查其受力及是否挂牢保证作业过程中不能脱出		

续表

时间段	工作内容	危险因素	风险描述	控制措施	负责人	检查人
14:10～14:20	10号登塔后，挂滑车及绝缘绳	触电/高空坠落/物体打击	人身伤害	1. 持“线色识别卡”通过移动互联对讲机核对线路名称。 2. 塔上作业人员将并架线路×蔡一支线7号线色牌处三相挂警示红旗及红外报警装置。 3. 正确佩戴和使用个人安全防护保护用品，使用专业工具袋，并正确使用个人保安线及二次保护绳。 4. 上下传递工具应使用绝缘绳，地面有人控制绳索摆动。 5. 上下交叉作业和多人在一处作业时，应相互照应，密切配合		
14:20～16:00	10号绝缘子双串化改造	触电/高空坠落/物体打击	人身伤害	1. 材料到达塔上后要放置平稳，以防止落物伤人。 2. 避免导线坠落伤人，导线采用二次保护的方式进行固定。 3. 杆塔下方工作人员戴安全帽清理工具、材料和周围垃圾。 4. 塔上转移位置时，不得失去安全帽、个人保安线及二次保护绳的保护。 5. 塔上作业人员挂手拉葫芦，传递绳后应检查其受力及是否挂牢保证作业过程中不能脱出		

表 2-9　第三小组现场作业风险分析及预控措施表

作业范围	×徐线 20～31 号更换复合绝缘子			计划工作时间	2016-04-28 09:00	
（分组工作负责人）	曹××			计划完成时间	2016-04-28 17:00	
时间段	工作内容	危险因素	风险描述	控制措施	负责人	检查人
10:00～10:10	20、21 号工作现场布置警示装置，并将材料、工具摆放整齐			20、21 号每基杆塔周围布置“口袋式围栏”，临路作业时，在公路侧摆放“前方施工，车辆慢行”的警示牌，并派人持红旗看守重要交通路口		
10:10～11:20	20、21 号更换老旧复合绝缘子	高空坠落/物体打击	人身伤害	1. 持“线色识别卡”通过移动互联对讲机核对线路名称。 2. 正确佩戴和使用个人安全防护保护用品，使用专业工具袋，并正确使用个人保安线及二次保护绳，检查作业工具是否正常。 3. 上下交叉作业和多人在一处作业时，应相互照应，密切配合。 4. 登杆前检查水泥杆根部、基部和拉线是否牢固。 5. 检查横担连接是否牢固和腐蚀情况，检查时安全带（绳）应系在主杆或牢固的构件上，更换绝缘子时导线采用二次保护的方式进行固定		

续表

时间段	工作内容	危险因素	风险描述	控制措施	负责人	检查人
11:20～11:30	22、23号工作现场布置警示装置，并将材料、工具摆放整齐			22、23号每基杆塔周围布置“口袋式围栏”，临路作业时，在公路侧摆放“前方施工，车辆慢行”的警示牌，并派人持红旗看守重要交通路口		
11:30～12:40	22、23号更换老旧复合绝缘子	高空坠落/物体打击	人身伤害	1. 持“线色识别卡”通过移动互联对讲机核对线路名称。 2. 正确佩戴和使用个人安全防护保护用品，使用专业工具袋，并正确使用个人保安线及二次保护绳，检查作业工具是否正常。 3. 上下交叉作业和多人在一处作业时，应相互照应，密切配合。 4. 登杆前检查水泥杆根部、基部和拉线是否牢固。 5. 检查横担连接是否牢固和腐蚀情况，检查时安全带（绳）应系在主杆或牢固的构件上，更换绝缘子时导线采用二次保护的方式进行固定		

续表

时间段	工作内容	危险因素	风险描述	控制措施	负责人	检查人
12:40～12:50	24、25号工作现场布置警示装置，并将材料、工具摆放整齐			24、25号每基杆塔周围布置“口袋式围栏”，临路作业时，在公路侧摆放“前方施工，车辆慢行”的警示牌，并派人持红旗看守重要交通路口		
12:50～14:00	24、25号更换老旧复合绝缘子	高空坠落/物体打击	人身伤害	1. 持“线色识别卡”通过移动互联对讲机核对线路名称。 2. 正确佩戴和使用个人安全防护保护用品，使用专业工具袋，并正确使用个人保安线及二次保护绳，检查作业工具是否正常。 3. 上下交叉作业和多人在一处作业时，应相互照应，密切配合。 4. 登杆前检查水泥杆根部、基部和拉线是否牢固。 5. 检查横担连接是否牢固和腐蚀情况，检查时安全带（绳）应系在主杆或牢固的构件上，更换绝缘子时导线采用二次保护的方式进行固定		

续表

时间段	工作内容	危险因素	风险描述	控制措施	负责人	检查人
14:00～14:10	28、30、31号工作现场布置警示装置，并将材料、工具摆放整齐			28、30、31号每基杆塔周围布置“口袋式围栏”，临路作业时，在公路侧摆放“前方施工，车辆慢行”的警示牌，并派人持红旗看守重要交通路口		
14:10～14:30	28、30、31号更换老旧复合绝缘子	高空坠落/物体打击	人身伤害	1. 持“线色识别卡”通过移动互联对讲机核对线路名称。 2. 正确佩戴和使用个人安全防护保护用品，使用专业工具袋，并正确使用个人保安线及二次保护绳，检查作业工具是否正常。 3. 上下交叉作业和多人在一处作业时，应相互照应，密切配合。 4. 登杆前检查水泥杆根部、基部和拉线是否牢固。 5. 检查横担连接是否牢固和腐蚀情况，检查时安全带（绳）应系在主杆或牢固的构件上，更换绝缘子时导线采用二次保护的方式进行固定		

表 2-10　第四小组现场作业风险分析及预控措施表

<table>
<tr><td>作业范围</td><td colspan="3">×徐线 33～37 号
更换复合绝缘子</td><td>计划工作时间</td><td colspan="2">2016-04-28
09:00</td></tr>
<tr><td>(分组工作负责人)</td><td colspan="3">白××</td><td>计划完成时间</td><td colspan="2">2016-04-28
17:00</td></tr>
<tr><td>时间段</td><td>工作内容</td><td>危险因素</td><td>风险描述</td><td>控制措施</td><td>负责人</td><td>检查人</td></tr>
<tr><td>9:10～10:00</td><td>×徐线 39 号小号侧挂检 2 号接地线</td><td>触电/高空坠落</td><td>人身伤害</td><td>×徐线 39 号并架曹×线 45 号侧带电，登杆前，持“线色识别卡”核对线路名称和杆塔号，严格执行验电封地制度，验电时作业人员应戴绝缘手套，塔上作业人员应正确佩戴和使用个人安全防护保护用品</td><td></td><td></td></tr>
<tr><td>10:00～10:10</td><td>33、34 号工作现场布置警示装置，并将材料、工具摆放整齐</td><td></td><td></td><td>33、34 号每基杆塔周围布置“口袋式围栏”，临路作业时，在公路侧摆放“前方施工，车辆慢行”的警示牌，并派人持红旗看守重要交通路口</td><td></td><td></td></tr>
</table>

续表

时间段	工作内容	危险因素	风险描述	控制措施	负责人	检查人
10:10～11:20	33、34号更换老旧复合绝缘子	高空坠落/物体打击	人身伤害	1. 持“线色识别卡”通过移动互联对讲机核对线路名称。 2. 正确佩戴和使用个人安全防护保护用品，使用专业工具袋，并正确使用个人保安线及二次保护绳，检查作业工具是否正常。 3. 上下交叉作业和多人在一处作业时，应相互照应，密切配合。防止将工具摆动到平行的10kV 428线路的带电导线上。 4. 登杆前检查水泥杆根部、基部和拉线是否牢固。 5. 检查横担连接是否牢固和腐蚀情况，检查时安全带（绳）应系在主杆或牢固的构件上，更换绝缘子时导线采用二次保护的方式进行固定		
11:20～11:30	35号工作现场布置警示装置，并将材料、工具摆放整齐			35号每基杆塔周围布置“口袋式围栏”，临路作业时，在公路侧摆放“前方施工，车辆慢行”的警示牌，并派人持红旗看守重要交通路口		

续表

时间段	工作内容	危险因素	风险描述	控制措施	负责人	检查人
11:30～12:40	35 号更换老旧复合绝缘子	高空坠落/物体打击	人身伤害	1. 持“线色识别卡”通过移动互联对讲机核对线路名称。 2. 正确佩戴和使用个人安全防护保护用品，使用专业工具袋，并正确使用个人保安线及二次保护绳，检查作业工具是否正常。 3. 上下交叉作业和多人在一处作业时，应相互照应，密切配合。 4. 登杆前检查水泥杆根部、基部和拉线是否牢固。 5. 检查横担连接是否牢固和腐蚀情况，检查时安全带（绳）应系在主杆或牢固的构件上，更换绝缘子时导线采用二次保护的方式进行固定		
12:40～12:50	36 号工作现场布置警示装置，并将材料、工具摆放整齐			36 号每基杆塔周围布置“口袋式围栏”，临路作业时，在公路侧摆放“前方施工，车辆慢行”的警示牌，并派人持红旗看守重要交通路口		

续表

时间段	工作内容	危险因素	风险描述	控制措施	负责人	检查人
12:50～14:00	36号更换老旧复合绝缘子	高空坠落/物体打击	人身伤害	1. 持“线色识别卡”通过移动互联对讲机核对线路名称。 2. 正确佩戴和使用个人安全防护保护用品，使用专业工具袋，并正确使用个人保安线及二次保护绳，检查作业工具是否正常。 3. 上下交叉作业和多人在一处作业时，应相互照应，密切配合。 4. 登杆前检查水泥杆根部、基部和拉线是否牢固。 5. 检查横担连接是否牢固和腐蚀情况，检查时安全带（绳）应系在主杆或牢固的构件上，更换绝缘子时导线采用二次保护的方式进行固定		
14:00～14:10	37号工作现场布置警示装置，并将材料、工具摆放整齐			37号每基杆塔周围布置“口袋式围栏”，临路作业时，在公路侧摆放“前方施工，车辆慢行”的警示牌，并派人持红旗看守重要交通路口		

续表

时间段	工作内容	危险因素	风险描述	控制措施	负责人	检查人
14:10～14:30	37号更换老旧复合绝缘子	高空坠落/物体打击	人身伤害	1. 持“线色识别卡”通过移动互联对讲机核对线路名称。 2. 正确佩戴和使用个人安全防护保护用品，使用专业工具袋，并正确使用个人保安线及二次保护绳，检查作业工具是否正常。 3. 上下交叉作业和多人在一处作业时，应相互照应，密切配合。 4. 登杆前检查水泥杆根部、基部和拉线是否牢固。 5. 检查横担连接是否牢固和腐蚀情况，检查时安全带（绳）应系在主杆或牢固的构件上，更换绝缘子时导线采用二次保护的方式进行固定		
16:00～16:50	×徐线39号大号侧拆除检2号接地线	触电/高空坠落	人身伤害	1. 塔上作业人员正确佩戴和使用个人安全防护保护用品。 2. 拆除地接线时应按照先拆导线端、后拆接地端，先高后低、先上后下、先远后近的原则。 3. 接地线、工具、更换下来的绝缘子与作业前的数量编号相符		

2.5.2 “三措”编制

1. 定义

“一书”即标准化作业指导书的作业流程；“两案”即制定线路检修施工方案和现场应急处置预案；“三措”即组织措施、技术措施和安全措施。

组织措施：组织措施中要明确工作任务，作业分工和各岗位人安全职责，做到人员分工明确，责任到人，统一指挥。

安全措施：安全措施中要根据现场勘察危险源、风险评估内容和工程项目性质编写，应结合电网方式明确停电范围、时间和填写“两票”执行的工作负责人、工作票签发人员责任，结合危险点分析明确现场保人身、保电网、保设备安全等方面采取的针对性预控措施。

技术措施：技术措施中要明确工程项目的技术标准、技术和施工质量要求，对应用新技术、新工艺、新设备、新材料的工程项目，应制定相应的技术措施。

2. 编制“三措”组织

“三措”应由项目主管部门、检修单位组织相关人员编制、审核、批准，工程承发包单位在履行工程合同签订安全协议时必须同时出示经审核批准的“三措”，经审核批准的大型检修“三措”应向安质部门备案。

“三措”内容包括任务类别、概况、时间、进度、需停电的范围、保留的带电部位及组织（措施）、技术（措施）、安全措施及施工附图。

“一书两案三措”实行分级管理，经检修班组、专业管理部门、监理单位、分管领导逐级审批，并结合其内容指导后续各环节工作，由工作负责人带到作业现场，禁止执行未经审批的“三措”。

3. “三措”范本

“三措”的编写模板如下。

1. 第一页：封面

工程项目（作业）名称

组织技术安全措施

编制单位：×××（盖章）

年　月　日

2. 第二页：审批单位名称及审批人员

<table>
<tr><th colspan="5">组织技术安全措施审批表</th></tr>
<tr><td rowspan="7">××供电公司</td><td>会签部门</td><td>签　名</td><td>意见</td><td>日期</td></tr>
<tr><td>主管领导</td><td></td><td></td><td></td></tr>
<tr><td>安质部</td><td></td><td></td><td></td></tr>
<tr><td>运检部</td><td></td><td></td><td></td></tr>
<tr><td>调控中心</td><td></td><td></td><td></td></tr>
<tr><td>监理单位</td><td></td><td></td><td></td></tr>
<tr><td>运维单位</td><td></td><td></td><td></td></tr>
<tr><td rowspan="4">××单位</td><td>负责人</td><td></td><td></td><td></td></tr>
<tr><td>安全员</td><td></td><td></td><td></td></tr>
<tr><td>专工</td><td></td><td></td><td></td></tr>
<tr><td>编制</td><td></td><td></td><td></td></tr>
</table>

3. 措施内容

工程项目（作业）名称

组织技术安全措施

一、工程概况及施工作业特点

二、施工作业计划工期、开（竣）工时间

三、停电范围

四、作业主要内容

五、组织措施

六、技术措施

七、安全措施

八、应急处置措施

九、施工作业工艺标准及验收

十、现场作业示意图

注：纸张为A4幅面纵向排版。

2.5.3 “两票”填写

1. 基本要求

各级单位应规范“两票”填写与执行标准，明确使用范围、内容、流程、术语。作业单位应根据现场勘察、风险评估结果，由工作负责人或工作票签发人填写工作票。输、配电线路多班组、多点位作业的检修、施工现场应使用小组工作任务单。

承、发包工程执行“双签发”工作票：

(1) 承发包工程中，作业单位在运用中的电气设备上，工作票宜由作业单位和设备运维管理单位共同签发，在工作票上分别签名，各自承担相应的安全责任。

(2) 发包方工作票签发人主要对工作票上所填工作任务的必要性、安全性和安全措施是否正确完备负责；承包方工作票签发人主要对所派工作负责人和工作班人员是否适当和充足以及安全措施是否正确完备负责。

2. “两票”管理

作业班组每月应对所执行的“两票”进行整理汇总，按编号统计、分析。各基层单位部门、专业部室每季度至少对已执行的“两票”进行检查并填写检查意见。各基层单位每半年至少抽查调阅一次“两票”。定期分析“两票”存在问题，及时反馈，制定整改措施，建立定期通报制度。

基层单位部门、专业部室结合“一书两案三措”填写完善“工作票和分组工作任务单”。工作票内容严格按照《国网天津市电力公司电气工作票样票汇编（2014版）》书写格式编制。其中注意线路双重名称、安全措施、地线编号及接线安装位置附图等关键点，分组工作任务单注意分组工作内容、计划工作时间段、安全注意事项等。

2.6 班前会

每个工作日开始工作前应由班组长组织召开全体班组人员会议。班前会是班组长在工作前布置当天生产任务，尽可能做到时间短、内容集中、交待措施针对性强的安全要求。

班前会的内容包括交代当天的工作任务，做出分工，指定现场工作负责人和安全专责监护人；告知作业环境的情况；讲解使用的机械设备和工器具的性能和操作程序和技术要求；进行危险点告知，提示作业过程可能发生的安全事件因素，明确在哪些部位应采取的防护措施。

班前会内容应符合实际工作情况，结合班组人员装备情况、工作任务，开展安全风险评估，布置风险预控措施，组织交待工作任务、作业风险和安全措施，检查个人安全工器具、个人劳动防护用品和人员精神状况，并组织学习经审核通过后的“一书两案三措”，做好记录或录音。

2.7 安全工器具检查

2.7.1 安全工器具的保管

安全工器具宜存放在温度为−15～+35 ℃、相对湿度为

80%以下、干燥通风的安全工器具室内 。

安全工器具室内应配置适用的柜、架，不准存放不合格的安全工器具及其他物品。

携带型接地线宜存放在专用架上，架上的号码与接地线的号码应一致。

绝缘隔板和绝缘罩应存放在室内干燥、离地面 200mm 以上的架上或专用的柜内。使用前应擦净灰尘。如果表面有轻度擦伤，应涂绝缘漆处理。

绝缘工具在储存、运输时不准与酸、碱、油类和化学药品接触，并要防止阳光直射或雨淋。橡胶绝缘用具应放在避光的柜内，并撒上滑石粉。

2.7.2 安全工器具的使用和检查

安全工器具使用前的外观检查应包括绝缘部分有无裂纹、老化、绝缘层脱落、严重伤痕，固定连接部分有无松动、锈蚀、断裂等现象。对其绝缘部分的外观有疑问时应进行绝缘试验合格后方可用。

（1）绝缘操作杆、验电器和测量杆：允许使用电压应与设备电压等级相符。使用时，作业人员手不准越过护环或手持部分的界限。雨天在户外操作电气设备时，操作杆的绝缘部分应有防雨罩或使用带绝缘子的操作杆。使用时人体应与带电设备保持安全距离，并注意防止绝缘杆被人体或设备短接，以保持有效的绝缘长度。

（2）携带型短路接地线：接地线的两端夹具应保证接地线与导体和接地装置都能接触良好、拆装方便，有足够的机械强度，并在大短路电流通过时不致松脱。携带型接地线使用前应检查是否完好，如发现绞线松股、断股、护套严重破损、夹具断裂松动等均不准使用。

（3）绝缘隔板和绝缘罩：绝缘隔板和绝缘罩只允许在35kV及以下电压的电气设备上使用，并应有足够的绝缘和机械强度。用于10kV电压等级时，绝缘隔板的厚度不应小于3mm，用于35kV电压等级不应小于4mm。现场带电安放绝缘隔板及绝缘罩时，应戴绝缘手套、使用绝缘操作杆，必要时可用绝缘绳索。

（4）安全帽：安全帽使用前，应检查帽壳、帽衬、帽箍、顶衬、下颏带等附件完好无损。使用时，应将下颏带系好，防止工作中前倾后仰或其他原因造成滑落。

（5）安全带：腰带和保险带、绳应有足够的机械强度，材质应有耐磨性，卡环（钩）应具有保险装置，操作应灵活。保险带、绳使用长度在3m以上的应加缓冲器。

（6）脚扣和登高板：金属部分变形和绳（带）损伤者禁止使用。特殊天气使用脚扣和登高板应采取防滑措施。

第3章 现 场 实 施

3.1 区域规范化设置

3.1.1 设置原则

1. “口袋式”安全措施

“口袋式”安全措施布置方式是指架空电力线路进行检修时，所装设的安全遮栏将需要检修的电气设备以口袋的形式从设备区入口处至需要检修的设备进行设置，使作业人员从设备区入口就只能进入检修设备区域内，不能进入带电设备区内的一种安全遮栏布置方式。其中，“遮栏”是指“带式遮栏”、“伸缩式遮栏”、“组装式遮栏（硬遮栏）”、“围挡式遮栏”等。

“口袋式”安全措施要求从进站大门开始布置遮栏地桩点位，如果进入设备区的道路两侧均设置遮栏地桩点位；若道路仅一侧有电气设备，只在带电侧设置遮栏地桩点位。

2. 安全遮栏

检修工作现场安全措施遮栏以“带式遮栏（地桩、插入式遮栏杆、盒式警示带）”、“标示牌”等组成。

当某个或多个电气设备转入检修时，应当从进入设备区的入口处道路两侧直至检修的设备周围装设“带式遮栏”，形成一个“口袋式”形式将转检修的设备围在遮栏里面，“止步，高压危险！”标识字样应朝向遮栏里面。

装设遮栏时应考虑检修工作人员活动范围尽量留有一定空间，对于吊车及斗臂车等要与检修人员提前进行沟通，保证预留出车辆摆放位置。若被检修的设备范围比较大，其中个别小部分带电设备在停电区域内确实无法设置时，可以将其四周装设全封闭遮栏，“止步，高压危险！”标识字样应朝向外面。装设遮栏时应考虑车辆进入时转弯和调头情况，尽可能在道路转弯处预留出调头位置。在“带式遮栏”的入口处设置从此进出标示牌。

组装式遮栏或者挡板式遮栏，应当安装牢固，并设有专人经常进行检查维护，保证其处于良好状态。

3. 遮栏地桩点位之间距离

（1）两点距离按照4m长度设置。

（2）若横跨道路时应根据道路的宽度可以大于4m。

（3）若原地桩点位距离大于5m的应在中间加一地桩点位。

4. 遮栏地桩的设置

（1）在道路两侧设置遮栏地桩时，应在距道路侧石外侧20cm处设置。

（2）道路转弯处设置，应在道路等径位置处设置横跨道路点位。

（3）每组设备周围都应设置遮栏地桩。

（4）两个设备单元中间若有架构爬梯的，其爬梯两侧均应设置点位。

（5）每组母线架构周围都应设置遮栏地桩。

3.1.2 现场应用

依据区域定置规范化原则对作业现场整体进行安全区域划分，具体可划分为安全工器具区、施工工器具区、施工物料区（备品备件）、废料回收区、安全作业区、无人机起落区、施工车辆停放区、应急医疗区和候工休息区等，并在各现场设立分区管理标识，如图 3-1～图 3-6 所示。

图 3-1 安全区域划分—安全作业区

图 3-2　安全区域划分—施工车辆停放区

图 3-3　安全区域划分—应急医疗区

图 3-4　安全区域划分—候工休息区

图 3-5　安全区域划分—作业前准备区

图 3-6　安全区域划分—导向标识

3.2 现场风险看板及警示语可视化

3.2.1　现场风险看板

在架空线路检修作业现场布置现场风险看板和作业流程的可视化展板，确保作业程序的规范化展开。具体包括：设置施工段附近车辆倒流标识；搭建口袋式遮栏安全保障措施；在现场可视化设立现场急救方案图、就医路线图、现场作业风险分析与预控措施总表和各小组分表、检修作业组织机构图、网络计划图和安全装备检查图等安全作业规范；在现场设置其他地面安全防范措施等，如图 3-7～图 3-14所示。

图 3-7　警示标识识别看板

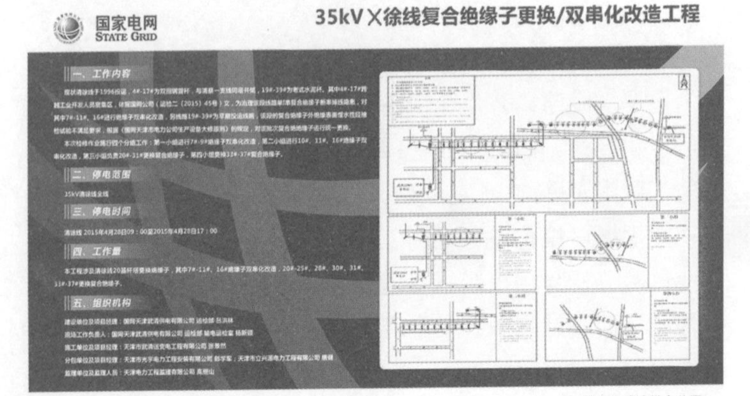

图 3-8　现场作业内容明细看板

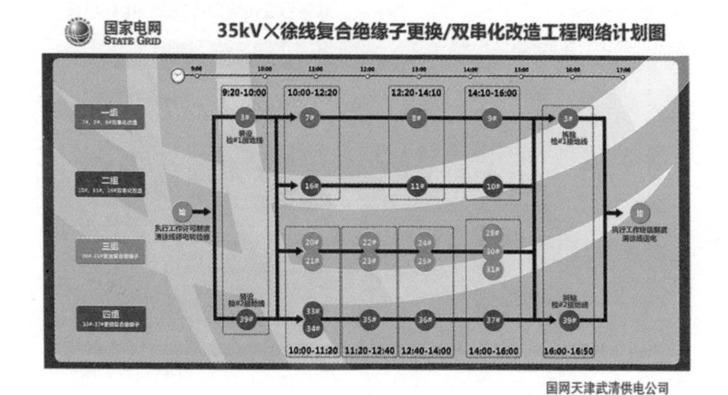

图 3-9　作业网络计划图看板

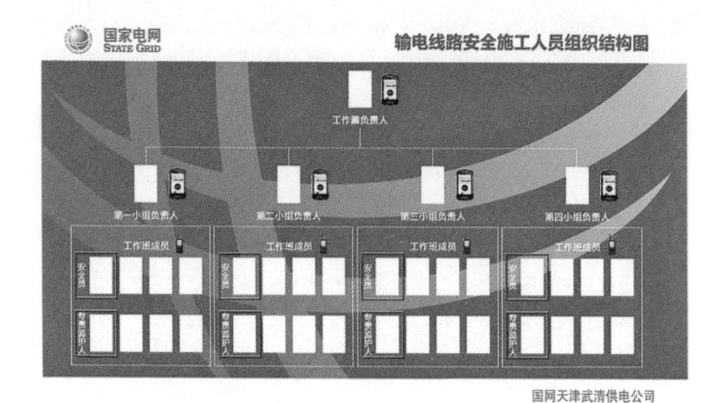

图 3-10　组织结构图看板

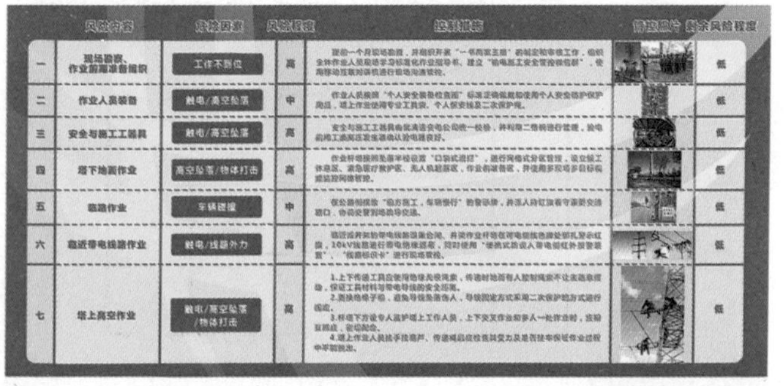

国家电网 STATE GRID

现场作业风险分析及预控措施总表

	风险内容	危险因素	风险程度	控制措施	管控照片	剩余风险程度
一	现场勘察、作业前筹准备组织	工作不到位	高	提前一个月现场勘察，并组织开展"一书两案三措"的制定和审核工作，组织全体作业人员观摩学习标准化作业指导书，建立"输电施工安全管控微信群"，使用移动互联对讲机进行现场沟通管控。		低
二	作业人员装备	触电/高空坠落	中	作业人员按照"个人安全装备检查图"标准正确规范地使用个人安全防护保护用品，塔上作业使用专业工具袋，个人保安线及二次保护绳。		低
三	安全与施工工器具	触电/高空坠落	高	安全与施工工器具由武清供电公司统一检验，并利用二维码进行管理，验电前用工频高压发生器确认验电器良好。		低
四	塔下地面作业	高空坠落/物体打击	高	作业杆塔按照坠落半径设置"口袋式进出"，进行网格式分区管理，设立施工休息区、紧急医疗救护区、无人机起落区、作业前准备区，并使用多现场多目标视频监控网络管控。		低
五	临路作业	车辆碰撞	中	在公路侧摆放"前方施工，车辆慢行"的警示牌，并派人持红旗看守重要交通路口，协调交警到场疏导交通。		低
六	临近带电线路作业	触电/线路外力	高	临近运行线路设围栏合围，并在作业杆塔在带电侧线色牌处张贴警示红旗，10kV线路进行带电绝缘遮蔽，同时使用"便携式防误入带电侧红外报警装置"、"线路标识卡"进行现场管控。		低
七	塔上高空作业	触电/高空坠落/物体打击	高	1.上下传递工具应使用绝缘无极绳索，传递时地面有人控制绳索不让来回摆动，保证工具材料与带电导线的安全距离。 2.更换绝缘子串，避免导线坠落伤人，导线固定方式采用二次保护的方式进行锚定。 3.杆塔下方设专人监护塔上工作人员，上下交叉作业和多人一起作业时，注意互相提醒，密切配合。 4.塔上作业人员使用手拉葫芦、传递绳前应检查其受力及是否挂牢，保证作业过程中牢固不脱出。		低

国网天津武清供电公司

图 3-11　现场作业风险分析及预控措施看板

国家电网 STATE GRID

第一小组现场作业风险分析及预控措施表

国家电网 STATE GRID

第二小组现场作业风险分析及预控措施表

图 3-12　各分组现场作业风险分析及预控措施看板

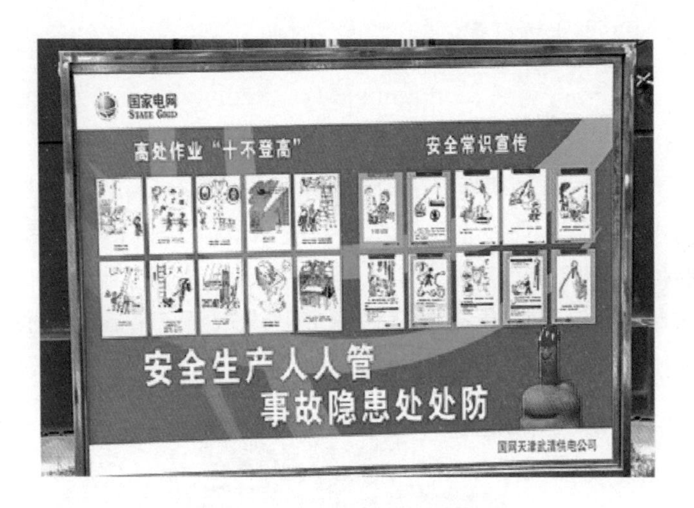

图 3-13　安全常识宣传图看板

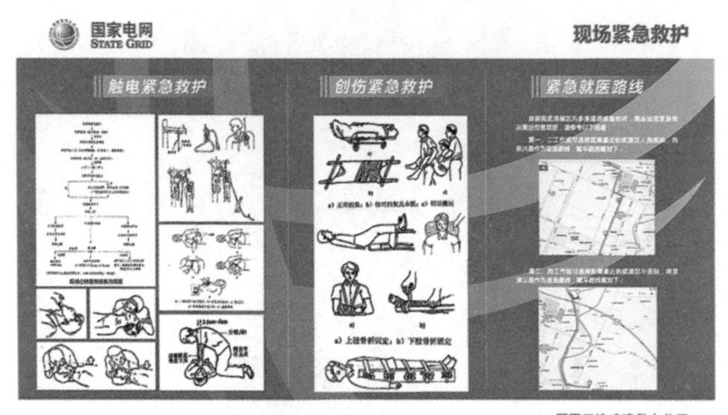

图 3-14　现场紧急救护可视化看板

3.2.2 警示语可视化

1. 设置流程

首先，将各现场分区管理标识和地面安全防范措施设置完毕；其次，所有工作组在第一组和最后一个工作组装设完接地线后并经工作负责人许可后方可进行作业；最后，作业开始后，再进行塔上临近带电线路安全措施的布置，如图 3-15 和图 3-16 所示。

图 3-15　杆塔安全警示标识

图 3-16 临近带电线路安全警示标识

2. 设置位置

“禁止合闸，有人工作！”：在一经合闸即可送电到工作地点的断路器和隔离开关的操作把手上，均应悬挂“禁止合闸，有人工作！”的标示牌。

“禁止合闸，线路有人工作！”：如果线路上有人工作，应在线路断路器和隔离开关操作把手上悬挂“禁止合闸，线路有人工作！”的标示牌。

“止步，高压危险！”：

1）在高压设备上工作，应在工作地点四周装设带式遮栏，带式遮栏上应印有“止步，高压危险！”字样，“止步，高压危险！”字样，应朝向遮栏里面。

2）在构架上工作，则应在工作地点邻近带电部分的横梁上，悬挂“止步，高压危险！”的标示牌。

“从此进出！”：在人员、车辆进入方便处设置出入口，并悬挂“从此进出!”的标示牌。

“在此工作!”：在工作地点设置“在此工作!”的标示牌。

“从此上下!”：在工作人员上下铁架或爬梯上，应悬挂“从此上下!”的标示牌。

“禁止攀登，高压危险!”：在邻近其他可能误登的带电架构上，应悬挂“禁止攀登，高压危险!”的标示牌。

3.3 各类人员身份显性识别

3.3.1 安全标识的分类

人员身份安全标识，是指公司规定使用的各类袖标。生产作业现场相关人员佩戴不同颜色袖标，明显区分角色身份，如图 3-17 所示。

图 3-17 袖标

3.3.2 佩戴使用要求

（1）工作票签发人：青色袖标，因需进入生产现场履责的工作票签发人佩戴，袖标规格如图 3-18 所示。

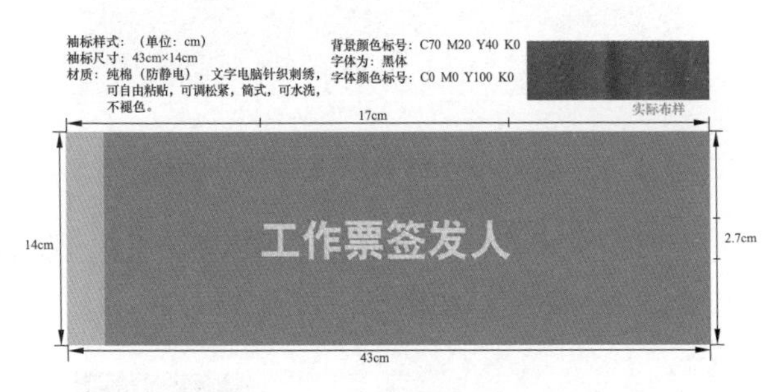

图 3-18 工作票签发人袖标样式

（2）工作负责人：红色袖标，因需进入生产现场履责的现场工作负责人佩戴，袖标规格如图 3-19 所示。

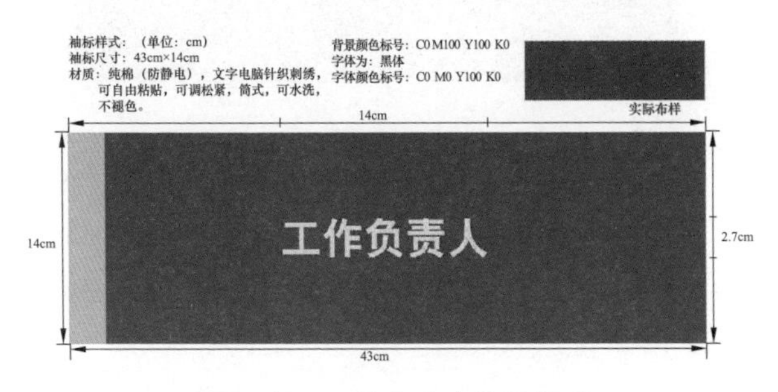

图 3-19 工作负责人袖标样式

（3）工作许可人：橙色袖标，因需进入生产现场履责的现场工作许可人佩戴，袖标规格如图 3-20 所示。

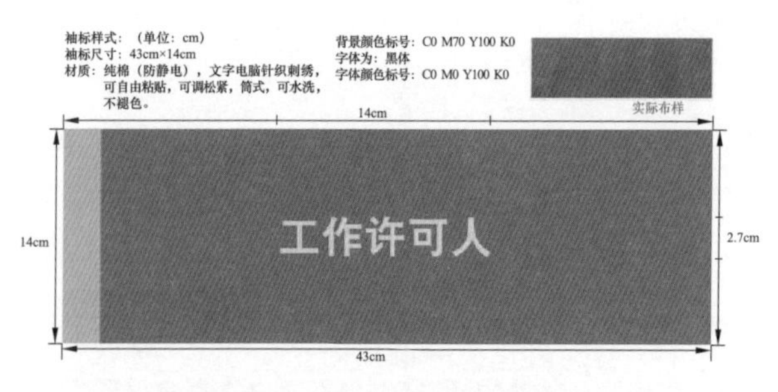

图 3-20　工作许可人袖标样式

（4）专责监护人：深紫色袖标，因需进入生产现场履责的现场专责监护人佩戴，袖标规格如图 3-21 所示。

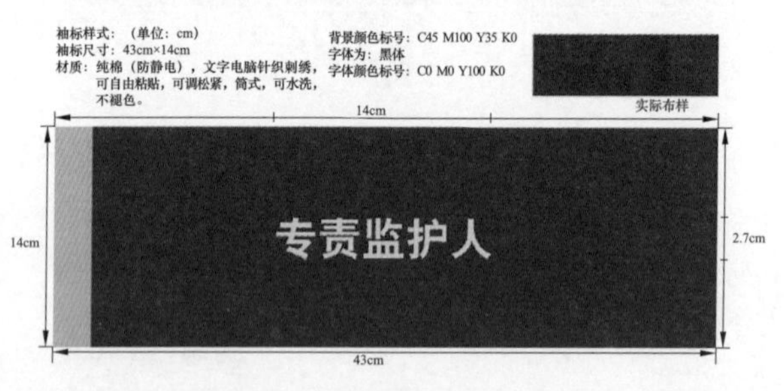

图 3-21　专责监护人袖标样式

（5）安全专责人（外协队伍）：紫色袖标，因需进入生产现场的外来施工企业现场负责人员佩戴，袖标规格如图 3-22 所示。

（6）小组负责人：蓝色袖标，执行线路工作任务单时小组负责人佩戴，袖标规格如图 3-23 所示。

（7）总工作负责人：红色袖标，执行总分工作票时总工作负责人佩戴，袖标规格如图 3-24 所示。

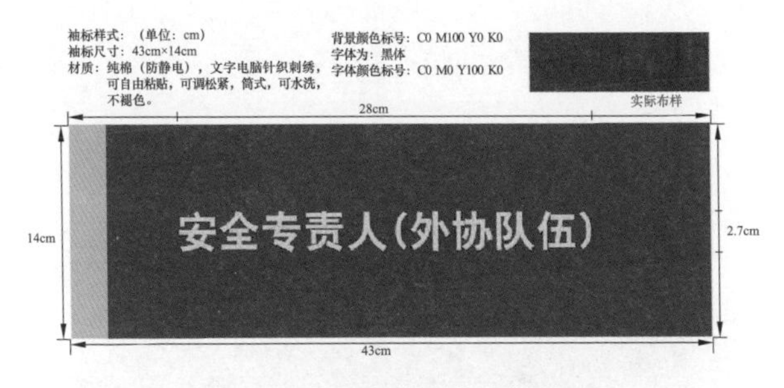

图 3-22　安全专责人袖标样式

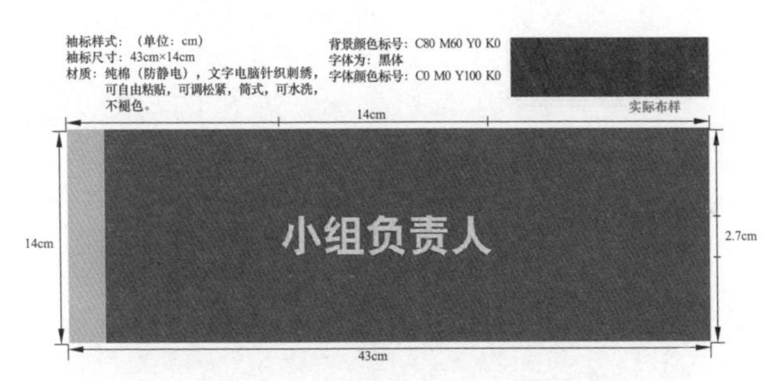

图 3-23　小组负责人袖标样式

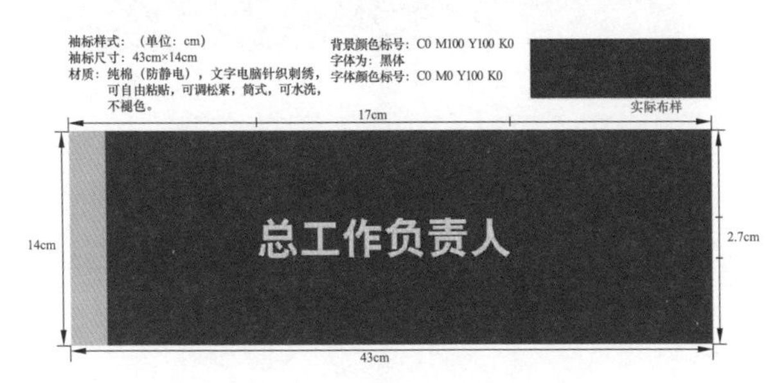

图 3-24　总工作负责人袖标样式

（8）分工作负责人：红色袖标，执行总分工作票时分工作负责人佩戴，袖标规格如图 3-25 所示。

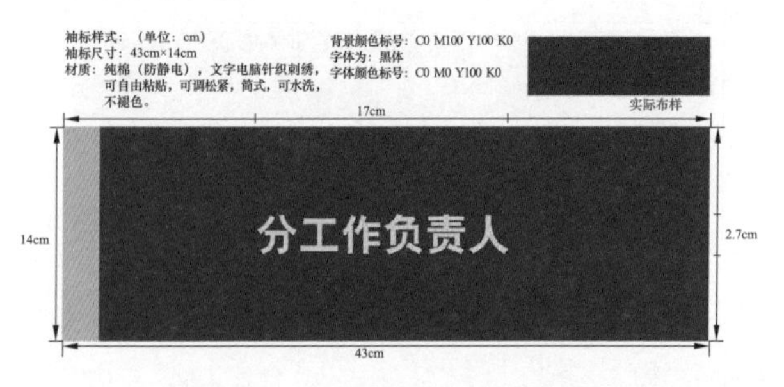

图 3-25 分工作负责人袖标样式

（9）厂家配合人员：绿色袖标，进入生产作业现场的厂家配合工作人员佩戴，袖标规格如图 3-26 所示。

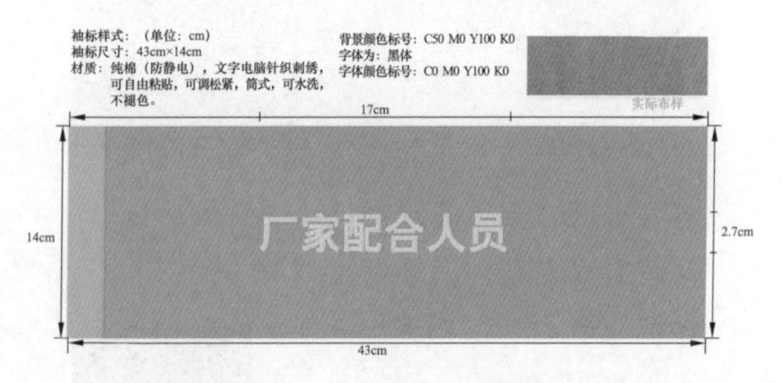

图 3-26 厂家配合人员袖标样式

（10）到岗到位人员：天蓝色袖标，进入生产作业现场的单位到岗到位人员佩戴，袖标规格如图 3-27 所示。

3.3.3 发放和管理

各级领导、安全环保管理人员均可申领袖标，基层单位

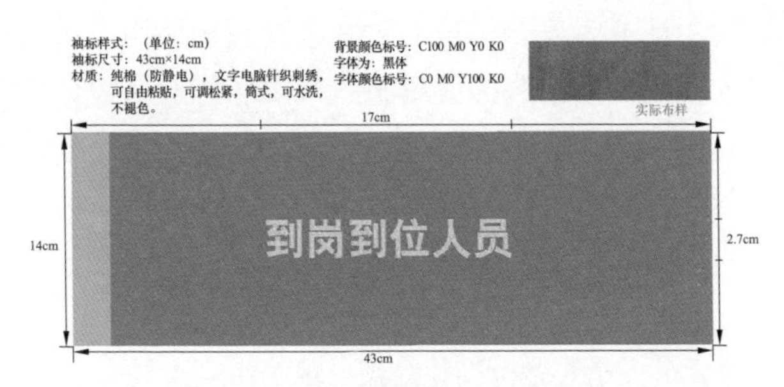

图 3-27　到岗到位人员袖标样式

安质部对申领的袖标要登记。袖标应妥善保管，发现丢失及时报告安质部，并办理补领手续；自然损坏，实行以旧换新。

所有由安质部统一制作、发放。

3.3.4　检查监督

安全袖标是检修作业人员及监督管理人员的有效标志，有关人员进入现场必须正确佩戴好。安全袖标佩戴者必须以身作则，模范遵守安全环保规章制度。

安全袖标佩戴者有权检查作业现场的公司员工，有权对被检查的人员提出询问、批评教育、考核，被检查人员必须如实报告自己所属单位、姓名，必要时应出示有关证件。

3.4　现场人、机、材的再次检测

人、机、材在许可开工前实行双重检测制度。现场的人（工作票成员作业能力）、机（安全工器具和施工机具）、材（检修更换绝缘子及相关金具）均应事先检测符合要求，取得安全使用证或者安全标志后，并经过现场使用人员再次检验后投入使用，并按照提前编制的“现场作业风险分析及预控措施总表”及“各分组安全管控措施表”进行全过程安全作业管控。

3.4.1 现场作业人员要求

作业人员安全装备标准化穿戴。现场作业人员应按照要求，正确佩戴安全帽，统一穿全棉长袖工作服、绝缘鞋，如图 3-28 所示，并携带便携式防误入带电侧红外报警装置，若作业同时含有登高特种作业人员及特种设备操作人员，均应持证上岗。

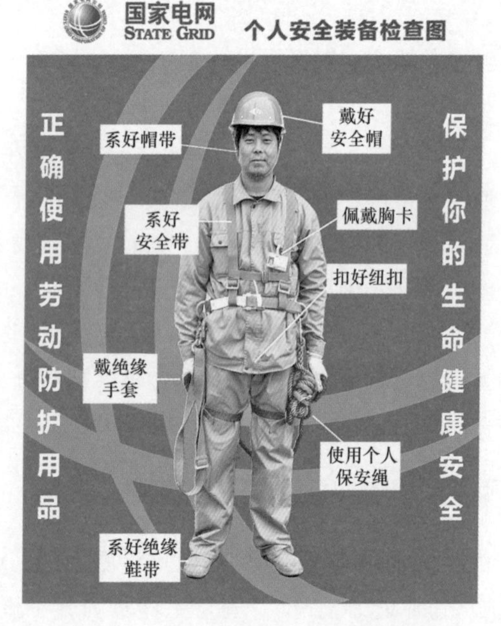

图 3-28　现场个人安全装备检查看板

3.4.2 安全工器具和施工机具安全要求

（1）作业人员应正确使用施工机具、安全工器具，严禁使用损坏、变形、有故障或未经检验合格的施工机具、安全工器具。

（2）特种车辆及特种设备应经具有专业资质的检测检验机构检测、检验合格，取得安全使用证或者安全标志后，方可投入使用。

（3）工作负责人需携带工作票、现场勘察记录、“三措”等资料到作业现场。

（4）涉及多专业、多单位的大型复杂作业，宜明确专人负责工作总体协调，各单位可根据实际情况自行制定。

3.5 许可开工

填用电力线路第一种工作票进行工作，见表3-1，工作负责人应在得到全部工作许可人的许可后，方可开始工作。

线路停电检修，工作许可人应在线路可能受电的各方面（含变电站、发电厂、环网线路、分支线路、用户线路和配合停电的线路）都已停电，并挂好操作接地线后，方能发出许可工作的命令。值班调控人员或运维人员在向工作负责人发出许可工作的命令前，应将工作班组名称、数目、工作负责人姓名、工作地点和工作任务做好记录。

许可开始工作的命令，应通知工作负责人。其方法可采用：

（1）当面通知。

（2）电话下达。

（3）派人送达。

电话下达时，工作许可人及工作负责人应记录清楚明确，并复诵核对无误。对直接在现场许可的停电工作，工作许可人和工作负责人应在工作票上记录许可时间，并签名。若停电线路作业还涉及其他单位配合停电的线路，工作负责人应在得到指定的配合停电设备运维管理单位（部门）联系人通知这些线路已停电和接地，并履行工作许可书面手续后，才可开始工作。

禁止约时停、送电。填用电力线路第二种工作票时，不需要履行工作许可手续。

电力线路第一种工作票

单位：国网天津武清公司变电站

编号：武清-运维检修部（检修分公司）（线一）-2016040001

1. 工作负责人（监护人）：杨××　　班组：输电运维班

2. 工作班人员（不包括工作负责人）

01 检修小组徐××等，02 检修小组卢××等，03 检修小组曹××等，04 检修小组白×等

共计 32 人

3. 工作的线路或设备双重名称（多回路应注明双重称号）：

35kV×徐线（由武清 220kV 站 313-2 线路侧至徐官屯 35kV 站 312 线路侧，面向线路杆塔号增加方向左线，红色标）

4. 工作任务

工作地点或地段 （注明分、支线路名称、线路的起止杆号）	工作内容
35kV×徐线20~24、25号杆、 28、30、31号塔、33~37号杆	更换绝缘子
35kV×徐线7~11、16号塔	改双挂点

5. 计划工作时间

自2016年04月28日09时00分

至2016年04月28日17时00分

6. 安全措施（必要时可附页绘图说明）

6.1　应改为检修状态的线路间隔名称和应拉开的断路器（开关）、隔离开关（刀闸）、熔断器（包括分支线、用户线路和配合停电线路）

35kV×徐线转为检修状态。

35kV×蔡线配合施工申请退出重合闸。

10kV郑楼428线配合施工申请退出重合闸。

10kV义维信21线配合施工申请退出重合闸。

6.2　保留或邻近的带电线路、设备

1. 保留的带电线路：无。

2. 邻近的带电设备：①35kV×徐线3号塔与35kV×蔡线2号塔同杆塔并架，35kV×蔡线线路带电。②35kV×徐线4~18号塔与35kV×蔡一支1~15号塔为同杆塔并架，35kV×蔡一支线路带电。③35kV×徐线32~33号塔跨越10kV郑楼428线20~21号杆，10kV郑楼428线线路带电。

④ 35kV×徐线6~10号塔与10kV义维信21线20~34号杆线路并行，10kV义维信21线线路带电。⑤ 35kV×徐线39号塔与35kV曹×线45号塔同塔并架，35kV曹×线线路带电。

6.3　其他安全措施和注意事项

1. 装设工作接地线前，检查35kV电压等级的验电器合格，验电、装设接地线设监护人。

2. 在7~11号、16号塔35kV×蔡一支线侧线色牌处绑扎红旗作为该线路带电，作业中与带电线路保持不小于1m的安全距离；作业人员碰触导线前，使用个人保安线，防止并架带电线路感应电伤人，个人保安线共计6根编号为1号、2号、3号、4号、5号、6号。

3. 登杆塔前作业人员要核对线路名称及标识，无误后方可工作。

4. 上下传递工器具、材料要使用绝缘无极绳索传递，并有地面人员控制物件摆动到带电导线上。

5. 更换复合绝缘子和该双挂点时要使用二道保险，防止导线脱落 。

（重点关注×徐线并架的×蔡一支和平行10kV义维信21线、交叉跨越10kV郑楼428线）

6.4　应挂的接地线

应挂操作接地线：

线路名称及杆号						
接地线编号						

应挂工作接地线：

线路名称及杆号	×徐线3号塔小号侧	×徐线39号塔大号侧			
接地线编号	检1号	检2号			

外来施工企业工作票签发人签名＿＿＿＿＿＿＿＿年＿＿月＿＿日＿＿时＿＿分

设备运行单位工作票签发人签名＿＿＿＿＿＿＿＿年＿＿月＿＿日＿＿时＿＿分

工作负责人签名＿＿＿＿＿＿＿＿年＿＿月＿＿日＿＿时＿＿分收到工作票

7. 确认本工作票1~6项，许可工作开始

许可方式	许可人	工作负责人签名	许可工作的时间
			年　月　日　时　分
			年　月　日　时　分
			年　月　日　时　分

8. 确认工作负责人布置的工作任务和安全措施

工作班组人员签名：

＿＿＿＿＿＿＿＿＿＿＿＿＿＿＿＿＿＿＿＿＿＿＿＿

＿＿＿＿＿＿＿＿＿＿＿＿＿＿＿＿＿＿＿＿＿＿＿＿

＿＿＿＿＿＿＿＿＿＿＿＿＿＿＿＿＿＿＿＿＿＿＿＿

9. 工作负责人变动情况

原工作负责人＿＿＿＿＿＿＿＿离去，变更

________________为工作负责人。

外来施工企业工作票签发人签名________________
年____月____日____时____分

设备运行单位工作票签发人签名________________
年____月____日____时____分

10. 工作人员变动情况（变动人员姓名、日期及时间）

____

____

____

工作负责人签名：________________

11. 工作票延期

有效期延长到________________年____月____日
____时____分

工作负责人签名：________________年____月____
日____时____分

工作许可人签名：________________年____月____
日____时____分

12. 工作票终结

12.1　现场所挂的接地线编号________________共
____组，已全部拆除、带回。

12.2　工作终结报告

终结报告的方式	许可人	工作负责人签名	终结报告时间
			年　月　日　时　分
			年　月　日　时　分
			年　月　日　时　分

13. 备注

（1）指定专责监护人＿＿＿＿＿负责监护＿＿＿＿＿＿＿＿＿＿＿＿＿＿＿＿＿＿＿（人员、地点及具体工作）

（2）其他事项：6根个人保安线工作完成后作业人员要及时拆除＿＿＿＿＿＿＿＿＿＿＿＿＿＿＿＿

3.6 安全交底

工作许可手续完成后，工作负责人组织全体作业人员整理着装，在工作负责人的带领下列队进入，人数在8人以内的，列1队；人数在8～16人的，列2队，并以此类推，列队进入工作现场，全体人员应保持安静，禁止喧哗，须听从工作负责人或者专责监护人指挥，进行安全交底，列队宣读工作票，交待工作内容、人员分工、带电部位、安全措施和技术措施，进行危险点及安全防范措施告知，抽取作业人员提问无误后，全体作业人员确认签字。线路工程检修作业执行工作票和小组工作任务单的作业形式，所有分小组负责人在将该组工作班成员带到工作现场时还要再次进行安全交底。现场安全交底宜采用录音或影像方式，作业后由作业班组留存一年。工作现场交代安全措施提问样例如下：

1. 通用部分

（1）今天的工作任务是什么？

（2）今天工作地点在哪？相邻的带电部位是什么？

（3）今天工作的主要危险点有哪些？如何防控？

2. 专责监护人部分

（1）你的监护范围是什么？

（2）你监护内容有什么危险点？如何防控？

（3）监护完毕后需要做哪些工作？

3. 外来施工人员关键人部分

（1）今天工作的管控重点是什么？

（2）你负责管控的人员是哪些？

（3）你负责管控的工作是哪些？

4. 一般外来施工人员部分

（1）今天有哪些工作？

（2）工作需要注意的内容？

（3）工作完毕后应该怎么办？

5. 施涂 RTV 或者除锈刷漆等工作部分

（1）登高作业需要注意哪些内容？

（2）现场作业服从哪些指挥？专用手势或者喊话方式是什么？

（3）个人防护用品检查哪些内容？

6. 特种设备作业部分

（1）特种设备工作应检查哪些内容？
（2）吊车、斗臂工作前应做好哪些准备？
（3）吊车、斗臂工作与带电设备的安全距离是多少？

7. 动火作业部分

（1）动火作业前需要做好哪些安全措施？
（2）动火作业前需要检查的内容有哪些？
（3）动火作业人员需要具备哪些资质？检查与否？

3.7 现场作业

3.7.1 倒闸操作

倒闸操作应使用倒闸操作票。倒闸操作人员应根据值班调控人员（运维人员）的操作指令（口头、电话或传真、电子邮件）填写或打印倒闸操作票。操作指令应清楚明确，受令人应将指令内容向发令人复诵，核对无误。发令人发布指令的全过程（包括对方复诵指令）和听取指令的报告时，都要录音并做好记录。

倒闸操作应由两人进行，一人操作，一人监护，并认真执行唱票、复诵制。发布指令和复诵指令都应严肃认真，使用规范的操作术语，准确清晰，按操作票顺序逐项操作，每操作完一项，应检查无误后，做一个“√”记号。操作中发生疑问时，不准擅自更改操作票，应向操作发令人询问清楚无误后再进行操作。操作完毕，受令人应立即汇报发令人。

3.7.2 技术创新手段应用

1. 红外报警装置

为防止误登带电侧杆塔，在使用绑扎红旗措施的同时，在塔顶地线横担处和最下相横担处分别装设两个扇面型对射的红外探测器，以用于防误入报警。

2. 移动互联对讲系统

利用移动互联网进行无线对讲，并按照工作分组进行语音组织结构构建，单兵设备，如图 3-29 所示，针对单人便

图 3-29 移动互联对讲系统单兵设备

携式作业需求而提供，设备在嵌入式平台上集成液晶触摸显示屏、3G/4G 和 WiFi 无线通信模块、GPS 模块、蓝牙模块，内置高清相机，可配备微型摄像头及耳机。设备采用防爆（ExicIIBT6）、防水 & 防尘（IP67）、防摔（1.5m）设计，以保证加强站全区域全天候工作。摒除施工作业现场使用手机通话时造成的不必要的外因风险。

3. 多目标多现场视频监控系统

利用无线 WiFi 在各分现场进行组网，将移动摄像头的图像集中传输到现场监控 PAD 和后台监控平台，如图 3-30 所示。

图 3-30　多目标多现场视频监控系统

3.7.3　工作间断制度

在工作中遇雷、雨、大风或其他任何情况威胁到作业人员的安全时，工作负责人或专责监护人可根据情况临时停止工作。

白天工作间断时，工作地点的全部接地线仍保留不动。如果工作班须暂时离开工作地点，则应采取安全措施和派人看守，不让人、畜接近挖好的基坑或未竖立稳固的杆塔以及负载的起重和牵引机械装置等。恢复工作前，应检查接地线等各项安全措施的完整性。

填用数日内工作有效的第一种工作票，如果每日收工时将工作地点所装的接地线拆除，次日恢复工作前应重新验电挂接地线。如果经调度允许的连续停电、夜间不送电的线路，工作地点的接地线可以不拆除，但次日恢复工作前应派人检查。

3.8 作业监护

3.8.1 工作监护制度

工作许可手续完成后，工作负责人、专责监护人应向工作班成员交待工作内容、人员分工、带电部位和现场安全措施、进行危险点告知，并履行确认手续，装完工作接地线后，工作班方可开始工作。工作负责人、专责监护人应始终在工作现场。

工作票签发人或工作负责人对有触电危险、施工复杂、容易发生事故的工作，应增设专责监护人和确定被监护的人员。

专责监护人不准兼做其他工作。专责监护人临时离开时，应通知被监护人员停止工作或离开工作现场，待专责监护人回来后方可恢复工作。若专责监护人必须长时间离开工作现场时，应由工作负责人变更专责监护人，履行变更手续，并告知全体被监护人员。

工作期间，工作负责人若因故暂时离开工作现场时，应指定能胜任的人员临时代替，离开前应将工作现场交待清楚，并告知工作班成员。原工作负责人返回工作现场时，也应履行同样的交接手续。

若工作负责人必须长时间离开工作现场时，应由原工作票签发人变更工作负责人，履行变更手续，并告知全体作业人员及工作许可人。原、现工作负责人应做好必要的交接。

3.8.2 需增加专责监护的工作

工作票签发人或工作负责人对有触电危险、施工复杂容易发生事故的工作，应增设专责监护人和确定被监护的人员，如下述情况：

（1）一张工作票涉及多个工作地点的工作的每个工作地点。

（2）因工作原因必须短时移动或拆除遮栏（围栏）、标示牌时。

（3）带电作业工作的每个作业点。

（4）复杂或高杆塔带电作业必要时应增设（塔上）监护人。

（5）在运行设备的二次回路上进行拆、接线工作。

（6）在对检修设备执行隔离措施时，需拆断、短路和恢复同运行设备有联系的二次回路工作。

（7）在带电的电流互感器、电压互感器二次回路上工作。

（8）在使用携带型仪器的测量工作中，需用绝缘工具将电压互感器接到高压侧的工作。

（9）使用绝缘电阻表在带电设备附近测量绝缘电阻工作。

（10）其他工作票签发人或工作负责人根据现场的安全条件、施工范围、工作需要等具体情况，需增设专责监护人的工作。

3.9 到岗到位

（1）检修作业到岗到位人员由输电运检专业负责人担任，现场严格按照《生产作业现场到岗到位标准》落实到岗到位要求。

（2）到岗到位工作重点。检查工作票和分组任务单、“三措”“两案”的执行及现场安全措施落实情况；安全工器具、个人防护用品使用情况；大型机械安全措施落实情况；作业人员不安全行为；文明生产执行情况。

（3）到岗到位人员对发现的问题立即责令整改，并向工作负责人反馈检查结果。

第4章 作 业 后

4.1 验收及工作终结

4.1.1 中间验收

（1）制定“分组逐基”推进方案，为控制全线作业时间，验收采用中间验收方式进行，工作班在每基杆塔作业结束后做到“场静、料清、地面洁”。工作负责人中间结合“输电安全施工管控微信群”（见图4-1）、“多现场视频监控系统”等周密检查。将已完工并验收通过的杆塔均视为带电设备，任何人禁止在安全措施拆除后处理验收发现的缺陷和隐患。

图4-1 输电安全施工管控微信群截图

（2）利用输电云智能巡检监控平台进行中间验收。工作负责人中间结合“移动互联对讲系统 ”“输电安全施工管控微信群”“多目标多现场视频监控系统”“互联网+”全面护线智能巡检系统等周密检查，并结合无人机代替登塔人员进行中间验收。

1）互联网+护线智能巡检系统，如图 4-2 所示。结合输电“五五护线工作法”（即：五位一体+巡视、发现、告知、处理、备案五步），基于 3S（GIS、LBS、GPS）技术，构建输电通道“互联网+”全民护线巡检系统，实现单电源保电任务的监控与任务过程出现护线员管控能力外隐患的紧急指导和其他保电护线资源的援助调拨工作。

图 4-2　互联网+护线智能巡检系统截图

2）基于无人机的安全风险管控与竣工验收平台。无人机通过搭载有红外等多种检测设备，近距离检测架空输电线路，视角广，验收无死角、无盲区，如图 4-3 所示，由运维人员执飞可即时判断设备投运前情况、发现缺陷和隐患，并对验收过程图像进行分析和存档，免除人工登塔等作业。

(a)

(b)

图 4-3　无人机

(a) 工作人员操控无人机进行验收作业；(b) 无人机检测架空输电线路

4.1.2 验收管理

验收工作由设备运维管理单位或有关主管部门组织，作业单位及有关单位参与验收工作。验收人员应掌握验收现场存在的危险点及预控措施，禁止擅自解锁和操作设备。

已完工的设备均视为带电设备，任何人禁止在安全措施拆除后处理验收发现的缺陷和隐患。

工作结束后，工作班应清扫、整理现场，工作负责人应先周密检查，待全体作业人员撤离工作地点后，方可履行工作终结手续。

4.1.3 工作终结

检修作业完工后，工作负责人（包括小组负责人）应检查线路检修地段的状况，确认在杆塔上、导线上、绝缘子串上及其他辅助设备上没有遗留的个人保安线、工具、材料等，查明全部作业人员确由杆塔上撤下后，再命令拆除工作地段所挂的接地线。接地线拆除后，应即认为线路带电，不准任何人再登杆进行工作。多个小组工作，工作负责人应得到所有小组负责人工作结束的汇报。

工作终结后，工作负责人应及时报告工作许可人，报告方法如下：

（1）当面报告。

（2）用电话报告并经复诵无误。

若有其他单位配合停电线路，还应及时通知指定的配合停电设备运维管理单位（部门）联系人。

工作终结的报告应简明扼要，并包括下列内容：工作负责人姓名，某线路上某处（说明起止杆塔号、分支线名称等）工作已经完工，设备改动情况，工作地点所挂的接地线、个人保安线已全部拆除，线路上已无本班组作业人员和遗留物，可以送电。

工作许可人在接到所有工作负责人（包括用户）的完工报告，并确认全部工作已经完毕，所有作业人员已由线路上撤离，接地线已经全部拆除，与记录核对无误并做好记录后，方可下令拆除安全措施，向线路恢复送电。

已终结的工作票、事故紧急抢修单、工作任务单应保存一年。

4.2 班后会

输电线路多现场施工作业，涉及各类风险管控措施，班后会应对作业现场安全管控措施落实“一书两案三措”和工作票的执行情况总结评价，分析不足，表扬遵章守纪行为，批评忽视安全、违章作业等不良现象。